SELF MADE MILLIONAIRE MINDSET

Fundamental secrets of success in life

Develop the mindset of successful people

Fredrick O.

TABLE DES MATIÈRES

Titre **La page**

INTRODUCTION

Pour devenir riche verty vous demander de changer votre ancienne mentalité et passer à une nouvelle prise de conscience sur la façon dont vous voyez les choses, mentalité de millionnaire foundation réside dans la capacité d'utiliser et de faire confiance à leur esprit subconscient quand ils se lancer dans un grand projet qui est au-delà de leur état actuel, en couple avec la plus grande attention pour le projet.

Vous pouvez ne pas avoir quoi que ce soit, mais maintenant vous pouvez mettre dans votre vie plus de puissance, plus de richesse, plus de santé, plus de bonheur et plus de joie dans l'apprentissage de la liberté et de contacter la puissance cachée de votre esprit subconscient.

Vous n'avez pas besoin d'acheter ce pouvoir, qu'ils possèdent déjà. Mais si vous voulez apprendre à l'utiliser, vous voulez comprendre ce qui peut être appliqué dans tous les domaines de votre vie.

Vous êtes responsable de votre vie comme vous suivez les simples techniques et processus définis dans ce livre, vous pouvez acquérir les connaissances et la compréhension. Vous pouvez être inspirés par une nouvelle lumière, et peut générer une nouvelle force qui

vous permet d'effectuer leurs espoirs et faire tous vos rêves venir vrai. Décider maintenant pour vous rendre la vie plus grande, plus grand, plus riche et plus noble que jamais.

Chapitre Un

Prendre la responsabilité de 100 % Votre Vie

Vous n'êtes pas à la merci de la chance ou la chance, vous devez assumer la responsabilité personnelle. Vous ne pouvez pas changer les circonstances, les situations, mais vous pouvez modifier vous-même.

Lorsque vous changer vous-même et alignez-vous pour réussir les choses autour de vous changera la façon dont ils réagissent à vous, c'est une loi universelle, il s'applique partout sur terre.

L'un des mythes les plus répandus dans le monde de la culture aujourd'hui est que nous avons le droit à une vie que d'une certaine façon, quelque part, quelqu'un (et certainement pas pour nous) est responsable de remplir notre vie de bonheur continue, les options de carrière, du temps parental,

joyeuse et relations personnelles simplement parce que nous existons. Mais la vérité et la leçon en tout, ce livre est basé sur est qu'il y a seulement une personne qui est responsable de la qualité de vie que vous vivez. Cette personne est vous. Si vous voulez réussir, vous devez prendre le 100 % de la responsabilité de tout ce que vous rencontrez dans votre vie. Ceci comprend le niveau de ses réalisations, les résultats qu'ils produisent la qualité de leurs relations, l'état de votre santé et de remise en forme physique, votre revenu, vos dettes, vos sentiments ! Ce n'est pas facile. En fait, la plupart d'entre nous avons été conditionnés à blâmer quelque chose en dehors de nous-mêmes pour les parties de notre vie que nous n'aimons pas.

Nous blâmer nos parents, nos chefs, nos amis, les médias, nos employés, nos clients,

notre conjoint, le climat, l'économie, notre carte astrologique, notre manque d'argent que rien ni personne ne peut blâmer. Nous ne voulons pas regarder quand le vrai problème, c'est nous-mêmes.

Il y a une merveilleuse histoire d'un homme qui marche pour une nuit et s'agit d'un autre homme sur ses genoux à la recherche de quelque chose sous un réverbère. Le passeur se demande pourquoi l'autre homme est à la recherche. La réponse que vous cherchez votre clé perdue.

Le passeur offre aide et se met à genoux et vous aide à trouver la clé. Après une heure de recherches infructueuses, il dit, "nous avons vu partout et nous n'avons pas trouvé. Êtes-vous sûr vous avez perdu ici ?" L'autre homme a répondu : "Non, j'ai perdu dans ma maison, mais il n'est plus léger ici sous le

réverbère". Il est temps d'arrêter à l'extérieur de vous-même les réponses à pourquoi il a créé la vie et les résultats que vous voulez, parce que vous êtes celui qui crée la qualité de vie et les résultats qu'ils produisent.

Tout le monde ! Pour atteindre une plus grande réussite dans la vie d'accomplir les choses qui sont les plus importants pour vous, vous devez assumer la totalité de la responsabilité de votre vie. Rien de plus et rien de moins.

La puissance merveilleuse de votre subconscient

Vous ne pouvez pas parler de réussir sans parler de l'esprit, comme je l'ai dit dans mon livre intitulé "Réussir dans tout" que la vraie prospérité commence avec votre âme, son tout commence à partir de l'esprit, alors, comment est votre mentalité programmé ? Pour le succès ou l'échec ?

Comme je l'ai dit dans l'introduction de ce livre, vous pouvez mettre dans votre vie plus de puissance, plus de richesse, plus de santé, plus de bonheur et plus de joie dans l'apprentissage de la liberté et de contacter la puissance cachée de votre esprit subconscient.

Vous n'avez pas besoin d'acheter ce pouvoir, qu'ils possèdent déjà. Mais si vous voulez apprendre à l'utiliser, vous voulez comprendre ce qui peut être appliqué dans tous les domaines de votre vie.

Vous êtes responsable de votre vie comme vous suivez les simples techniques et processus définis dans ce livre, vous pouvez acquérir les connaissances et la compréhension. Vous pouvez être inspirés par une nouvelle lumière, et peut générer une nouvelle force qui vous permet d'effectuer leurs espoirs et faire tous vos rêves venir vrai. Décider maintenant pour vous rendre la vie plus grande, plus grand, plus riche et plus noble que jamais.

Dans les profondeurs de votre subconscient se coucher, la sagesse infinie, puissance infinie et une quantité infinie d'tout ce qui est nécessaire, qui est en attente pour son développement et d'expression. Maintenant commencer à reconnaître ces potentialités de

votre esprit plus profond, et qu'ils vont prendre forme dans le monde sans.

L'intelligence infinie dans votre esprit subconscient peut vous révéler tout ce que vous devez savoir à chaque instant de temps et point de l'espace autant qu'ils sont ouverts et réceptifs. Vous pouvez recevoir de nouvelles pensées et idées qui vous permet d'introduire de nouvelles inventions, de nouvelles découvertes, ou écrire des livres et pièces de théâtre. En outre, l'intelligence infinie dans votre subconscient peut donne de magnifiques types de connaissances d'une nature originelle. Vous pouvez vous révéler et ouvrir la voie à l'expression parfaite et vraie place dans votre vie.

Par la sagesse de votre esprit subconscient peut attirer le partenaire idéal, ainsi que le droit associé ou partenaire. Vous pouvez trouver le bon acheteur pour votre accueil et

vous fournir tout l'argent dont vous avez besoin, et l'exercice de la liberté d'être, et de rendez-vous que votre coeur désire.

C'est votre droit de découvrir ce monde intérieur de la pensée, de sentiment et de la puissance de la lumière, d'amour et de la beauté. Bien qu'invisible, ses forces sont puissantes. Dans votre esprit subconscient vous trouvez la solution pour chaque problème et la cause pour chaque effet. Parce que vous pouvez retirer le pouvoirs cachés, qui sont en la possession de la force et la sagesse nécessaires pour faire des progrès dans la sécurité, de l'abondance, la joie, et la seigneurie.

J'ai vu la puissance de l'inconscient les gens à sortir de l'Organisation des personnes handicapées, en les transformant en un tout, vital, et une fois de plus, fort et libre pour aller

dans le monde de l'expérience du bonheur, de la santé et de l'heureuse expression.

Il y a un pouvoir de guérison miraculeuse dans votre subconscient qui peut guérir l'esprit et le cœur brisé. Vous pouvez ouvrir la porte de la prison de l'esprit et la libération. Vous pouvez vous débarrasser de tous les types de matériaux et de servitude.

Si vous êtes nouveau à l'esprit subconscient et comment le mettre à travailler en votre faveur, s'il vous plaît, obtenir mon livre intitulé "Réussir à tout" par Fredrick sur amazon.com

Chapitre Deux

Les secrets de la réussite de l' auto made millionnaires

Bonjour, et bienvenue dans le monde de millionnaire. Ce que vous êtes sur le point d'apprendre peut changer votre vie. Ces idées, visions et stratégies ont été le tremplin pour le succès financier pour des millions d'hommes et de femmes, de tous les horizons de la vie. Ces principes sont simples, efficaces et relativement facile à mettre en oeuvre. Chacune d'elles est fondée sur des recherches approfondies et d'entretiens avec des milliers de self made millionnaires. Ont été prouvé à maintes reprises, et d'aller travailler pour vous si vous allez prendre et de les appliquer à votre propre vie.

Nous sommes vivre le meilleur moment de l'histoire de l'humanité. Les gens deviennent plus riches aujourd'hui, à partir de tout ce qui

n'a jamais été imaginé. Il y a plus de cinq millions de millionnaires en Amérique, la plupart d'entre eux -mêmes, et le nombre augmente à 15 % à 20 % chaque année. Nous avons même dix self-made millionnaires, des centaines de millionnaires et milliardaires plus de deux cents. Nous n'avons jamais vu ce type de création rapide de la richesse de l'histoire de l'humanité.

Voici les bonnes nouvelles. Pratiquement tout le monde commence avec rien. Probablement 99 % de toutes les personnes a commencé aujourd'hui un succès économique a éclaté ou près de la faillite. La moyenne des self-made millionaire a déjà été en faillite ou en faillite près de 3,2 fois. La plupart d'entre eux n'a pas encore et encore, avant de finalement trouver l'occasion qu'ils ont été en mesure de tirer parti de la réussite financière. Et ce que des centaines de milliers et des millions

d'autres personnes ont fait, vous pouvez faire de même.

La loi de fer de la destinée humaine est la loi de cause à effet. Cette loi est simple mais très puissant. On dit qu'il y a un effet spécifique pour chaque cause. Pour chaque action, il y a une réaction. Cette loi dit que le succès n'est pas un accident. La réussite financière est le résultat de faire des choses spécifiques, encore et encore, jusqu'à ce que vous obteniez l'effet désiré.

La nature est neutre. Cela signifie que la nature, le marché, notre société, n'importe qui vous êtes ou ce que vous êtes. La loi dit simplement que si vous faites ce que d'autres personnes faire avec succès, vous obtiendrez les résultats que d'autres personnes réussies. Et si non, non. Quand vous apprenez et appliquez les secrets du succès de self-made millionnaires dans votre propre vie, vous éprouverez les résultats et les récompenses au-delà de tout ce que jamais dans la vie jusqu'à maintenant.

C'est un point important. Personne mieux que vous, et personne n'est plus intelligente que vous. Permettez-moi de le répéter. Personne mieux que vous, et personne n'est plus intelligente que vous. Obtenez ces pensées hors de votre esprit. L'une des principales raisons de la vente à découvert, pour les résultats scolaires et l'absence de succès financier est la conviction que les gens qui font mieux que vous êtes meilleur que vous. Ce n'est pas le cas.

Le fait est que la plupart des self-made millionnaires sont des gens ordinaires avec une moyenne de l'éducation travaillent une moyenne de l'emploi et vivent dans des bidonvilles Moyen Moyen Moyen pour les

conducteurs de voitures. Mais ils ont découvert ce que d'autres personnes faire avec succès financier et ont fait la même chose encore et encore jusqu'à ce qu'ils atteignent les mêmes résultats. Il n'est pas un miracle et ce n'est pas un hasard. Et quand vous pensez que les pensées et faire les choses que self-made millionnaires, vous commencerez à obtenir les mêmes résultats et les avantages qu'ils font. Tout dépend de vous.

Il y a les secrets de la réussite du self-made millionnaires. Chacun de ces éléments est essentielle pour devenir financièrement indépendant. L'absence d'un de ces facteurs peut, par elle-même, d'affaiblir et même détruire leurs possibilités pour la santé, le bonheur et la prospérité. La bonne nouvelle est que vous pouvez apprendre de chacun de ces principes par la pratique et la répétition, encore et encore, jusqu'à ce qu'ils deviennent

aussi naturelle que la respiration et l'expiration. Comme vous avez appris à faire du vélo ou conduire une voiture, vous pouvez apprendre les secrets du succès de self-made millionnaires et les appliquer dans votre vie. Et il n'y a pas de limites, sauf les limites imposées en soi.

Maintenant, commençons :

Le premier secret de self-made millionnaires est simple :

Avoir de grands rêves ! Permettez-vous de rêver. Autorisez-vous à imaginer et fantasmer sur le genre de vie que vous souhaitez vivre dans et le genre d'argent que vous souhaitez gagner et avez dans votre compte bancaire. Tous les grands hommes et femmes commencent par un rêve de quelque chose de merveilleux et différent de ce que nous avons aujourd'hui. Vous connaissez la chanson qui dit, "Vous devez avoir un rêve si vous voulez faire un rêve devenu réalité".

Imaginez que vous n'avez pas de limites à ce qui peut être, ou avoir, ou faire dans la vie. Juste à ce moment, imaginez que vous avez tout le temps, tout l'argent, toutes les études, l'expérience, tous les amis, tous les contacts, toutes les ressources et tout ce dont vous avez besoin pour obtenir tout ce que vous voulez dans la vie. Si votre potentiel est totalement illimité, quel genre de vie voulez-vous créer pour vous et votre famille ?

La pratique du "retour vers le futur" la pensée. C'est une puissante technique pratiqué par les hommes et les femmes de haute performance avec un effet impressionnant dans votre esprit et dans votre comportement. Votre projet de l'avant cinq ans. Imaginer que cinq ans ont passé et que sa vie est maintenant parfait à tous points de vue. À quoi ressemble-t-il ? Que faites-vous ? Où travaillez-vous ? Combien d'argent pouvez-vous faire ?

Combien devez-vous à la banque ? Quel genre de vie avez-vous ?
Créer une vision pour préparer l'avenir à long terme. Plus votre vision de la santé, le bonheur et la prospérité, plus vite il se déplace, et plus vite il se déplace vers vous. Lorsque vous créez une image mentale précise de l'endroit où vous allez dans la vie, vous devenez plus positifs, plus motivés et plus déterminé à faire une réalité. Vous pouvez déclencher la créativité naturelle et viennent avec l'idée après idée pour vous aider à transformer votre vision en réalité.

Vous avez toujours tendance à se déplacer dans la direction de vos rêves, des images et des visions. L'acte même de ce qui vous

permet de rêver grand fait augmenter leur estime de soi et rend vous aimez et respectez-vous. Améliorer votre concept de soi et augmente leur niveau de confiance en soi. Augmenter votre niveau d'estime de soi et le bonheur personnel. Il y a quelque chose dans les rêves et les visions qui est passionnant et stimulant de faire et être mieux que jamais.

Voici une grande question à vous poser et répondre, encore et encore : "Une chose qui ose rêver si vous saviez que vous ne pouvait pas échouer ?" Si vous avez été absolument garanti le succès dans n' importe quoi dans la vie, grandes ou petites, de courte ou de longue durée, quel serait-il ? Quelle grande chose c'est qu'ils osent rêver si vous saviez que vous ne pouvait pas échouer ?

Quoi qu'il en soit, l'écrire et commencer à imaginer que vous avez atteint cet objectif. Alors regarder de nouveau à où vous êtes maintenant. Qu'est-ce que vous avez fait pour obtenir à où vous voulez aller ? Quelles mesures ont été prises ? Ce qui a changé dans votre vie ? Que serait-il devenu dans ou hors de ? Voulez-vous être ? Qui ne pouvaient plus être ? Si votre vie était parfait à tous points de vue, qu'est-ce ? Tout ce que vous feriez différemment, prendre la première étape aujourd'hui.

Rêver grand est le point de départ pour atteindre son objectif d'indépendance financière. La principale raison que les gens ne jamais réussir financièrement est parce qu' il n'arrive jamais à eux qu'ils peuvent le faire. En conséquence, ne jamais essayer. Jamais démarrer. Ils vont continuer à environ dans les milieux financiers, les dépenses tout

ce qu'ils gagnent et un peu plus loin. Mais quand vous commencez à rêver de grands rêves sur la réussite financière, vous devriez commencer à changer votre façon de voir vous-même et votre vie. Commencer à faire des choses différentes, peu à peu, graduellement, jusqu'à l'ensemble de la direction de votre vie change pour le mieux. Rêver grand est le point de départ pour le succès financier, et devenir un millionnaire self-made.

Secret numéro deux, **élaborer une orientation claire**. C'est ici que vous pouvez faire de vos rêves d'air et de cristalliser dans des buts clairs et précis. Peut-être la plus grande découverte de l'histoire humaine, c'est que "Vous devenez ce que vous pensez de la plupart du temps." Les deux facteurs qui déterminent ce qui se passe dans la vie, plus que toute autre chose, ce que vous pensez et comment vous pensez à ce sujet.

Les gens pensent que le succès de leurs objectifs la plupart du temps. En conséquence, sont en mouvement continu vers vos buts et vos objectifs se dirigent vers eux. Peu importe ce que vous pensez de la plupart du temps se développe et augmente dans votre vie. Si vous êtes à réfléchir et à parler et la visualisation de vos objectifs, vous avez tendance à faire beaucoup, beaucoup plus que la personne moyenne qui a tendance à penser et à parler de leurs préoccupations et des problèmes que la plupart du temps.

Voici un exercice pour vous. Prenez une feuille de papier et écrivez le mot "buts" en haut avec la date d'aujourd'hui. Puis, faites une liste de 10 buts que vous aimeriez atteindre dans les 12 prochains mois. Notez

vos objectifs à l'heure actuelle, comme si ça fait un an et a déjà été atteint. Chaque objectif de l'État avec le mot "je" pour le rendre personnel pour vous. En faisant une liste de 10 buts pour vous préparer pour la prochaine année, vous aurez déplacé lui-même dans le top 3 % des adultes de notre société. La triste réalité est que 97 % des adultes qui n'ont jamais fait une liste d'objectifs dans leur vie entière.

Une fois que vous avez votre liste de 10 buts, pour revenir à la liste et demander à cette question-clé : "C'est l' un des objectifs de cette liste, si je devais le faire, aurait le plus grand impact positif sur ma vie ?".

Quelle que soit votre réponse à cette question, cercle avec cet objectif et faire votre numéro un, l'objectif le plus important pour l'avenir. Définir une limite de temps, faire un plan, agir sur votre plan et faire quelque chose chaque jour qui vous déplace vers votre but.

A partir de maintenant, la réflexion et la discussion à propos de cet objectif tout le temps. Penser et parler de la façon dont vous pouvez atteindre cet objectif. Penser et parler de toutes les différentes choses que vous pouvez faire pour rendre cet objectif une réalité. Cet exercice permettra de stimuler votre créativité, augmenter votre énergie et de libérer leur potentiel.

Succès secret numéro trois, se considère comme travailleurs indépendants. Ok terminé, le 100 % de la responsabilité de tout ce que vous êtes et tout ce qui sera jamais. Refuser de faire des excuses ou de blâmer les autres pour leurs problèmes ou lacunes. Cesser de se plaindre au sujet des choses dans votre vie que vous n'êtes pas heureux. Ils refusent de critiquer d'autres personnes pour rien. Vous êtes responsable. S'il y a quelque chose dans votre vie que vous n'aimez pas, c'est à vous

de faire quelque chose. Mais vous êtes en charge.

Le top des 3 % des Américains eux-mêmes, comme les travailleurs autonomes, n'importe qui signe votre chèque de paie. La plus grande erreur que vous pouvez jamais faire est de penser que vous travaillez pour quelqu'un d'autre que vous-même. Toujours sont autonomes. Vous êtes toujours le président de votre propre société de services personnels, n'importe où vous pouvez être appelé à travailler à l'époque. Lorsqu'il se voit lui-même en tant que travailleurs indépendants, vous permet de développer l'esprit d'entreprise, la mentalité de l'individu, très indépendante , à démarrage automatique Auto-responsable. Plutôt que d'attendre que les choses se produisent, vous pouvez faire bouger les choses. Il se considère comme le chef de votre propre vie. Il se considère

comme totalement en charge de votre santé physique, votre bien-être financier, votre carrière, vos relations, votre maison, votre maison, votre voiture, et chaque élément de votre existence. C'est la mentalité de la personne vraiment excellent.

Les personnages sont fortement orientés vers les résultats. Un taux élevé d'initiative. Pour les affectations bénévoles et demandent toujours plus de responsabilités. En conséquence, ils deviennent les plus précieuses et respectés dans leurs organisations. Qui ne cesse de se préparer pour des postes d'une plus grande autorité et responsabilité dans l'avenir. Vous devriez faire de même.

Voici une question : "Si j'étais président d'un jour dans votre entreprise, ou sont pleinement responsables des résultats où vous travaillez, quel changement aurait à adopter

immédiatement ?" Quoi qu'il en soit, l'écrire, faire un plan et commencez dès aujourd'hui. Ceci ne pourrait changer votre vie.

Succès secret numéro quatre, faire ce que vous aimez faire. C'est l'un des grands secrets de la réussite financière. C'est également l'une de ses principales responsabilités dans la vie. C'est de trouver ce que vous vraiment faire, vous avez un talent naturel pour, puis tirer de tout votre cœur dans ce, très, très bien.

Self-made millionnaires sont ceux qui ont trouvé un domaine où leurs forces et capacités naturelles sont exactement ce qui est nécessaire pour faire le travail et d'atteindre les résultats souhaités. La majorité des self-made millionnaires dire "jamais travaillé un jour dans leur vie." Vous devriez trouver un champ qui peut être entièrement absorbé, d'un emploi ou d'un secteur de la société qui le fascine complètement, ce qui permet à votre attention, ce qui est l'expression naturelle de leurs talents et compétences particulières.

Quand vous faites ce que vous aimez faire, qui semblent avoir un flux continu d'enthousiasme, de l' énergie et des idées pour faire ce que vous faites le mieux. Voici une question pour vous : "Si vous avez gagné un million de dollars, à l'abri de l'impôt continuera demain, que faites-vous ?".

C'est une excellente question. Il suffit de demander ce que vous feriez si vous aviez tout le temps et l'argent que vous avez besoin et qu'ils étaient libres de choisir leur profession. Self-made millionnaires, si vous avez gagné un million de dollars en espèces, allait continuer à faire ce qu'ils font. Ils ne feraient que faire différemment ou mieux ou à un niveau plus élevé. Mais j'adore votre travail tellement que pas même penser à quitter la ou prennent leur retraite.

Peut-être la plus grande responsabilité de la vie d'adulte, quand vous êtes entouré par tant de différentes options d'occupation et d'activité, est pour vous de trouver ce que c'est que vous vraiment faire et puis s'engager dans ce domaine. Et personne ne peut le faire pour vous.

Succès secret numéro cinq, l'engagement à l'excellence. Résoudre aujourd'hui d'être le meilleur dans ce qu'ils font. Définir un objectif pour lui-même à rejoindre les 10 % de leur domaine, que ce soit. Cette décision, d'être très, très bon dans ce que vous faites, c'est le point tournant de sa vie. Il n' y a pas de personnes réussies qui ne sont pas reconnues comme très compétents dans leurs domaines choisis.

Rappelez-vous, personne n'est mieux que vous et personne n'est plus intelligente que vous. Chacune et chacun qui est dans le top 10 % aujourd'hui a commencé dans les 10 %

de moins. Tout ce que vous faites est bien une fois que le mal. N'importe qui qui est au sommet de leur domaine était en même temps dans un autre champ. Et ce que quelqu'un a fait, vous pouvez faire de même.
Voici une bonne règle pour le succès : "Votre vie s'améliore lorsque vous aller mieux." et il n'y a pas de limite à la façon dont beaucoup mieux peut être, il n'y a aucune limite à combien de meilleur peut faire de votre vie.
Votre décision de devenir excellent dans ce que vous faites, pour rejoindre le top 10 % de leur domaine, c'est le point tournant de sa vie. C'est la clé du succès. Il est également la base du niveau élevé d'estime de soi, du respect de soi et de fierté personnelle. Lorsque vous êtes vraiment bon à ce que vous faites, vous vous sentez merveilleux à propos de vous. Affecte toute sa personnalité et tous leurs rapports avec les autres, quand

vous savez que vous êtes au sommet de leur domaine.

Ici, c'est l'une des questions les plus importantes qui ne seront jamais en mesure de répondre, pour le reste de sa carrière, "qu'une compétence, si vous avez développé et l'a fait d'une excellente façon, auraient le plus grand impact positif sur votre vie ?".

Il ne peut pas être bon du tout pendant la nuit, mais vous pouvez définir une compétence qui peut aider plus et tirez sur tout son cœur dans le développement de cette capacité. Il est défini comme un objectif. De l'écrire. Fixer une date limite. Faire un plan. Et le travail sur l'amélioration dans ce domaine tous les jours. Vous serez absolument stupéfait par la différence cet engagement à l'excellence est dans votre vie. Cela ne peut que faire un self-made millionaire dans le cours de sa carrière.

Succès secret numéro six, développer une mentalité bourreau de travail. Tous les self-

made millionnaires travailler dur, dur, dur. Commence à un âge précoce, travailler plus fort et rester plus tard. Développer la réputation d'être l'un des plus travailleurs dans leurs champs. Et tout le monde le sait.
La pratique de la formule "40 Plus". Cette formule indique que travailler 40 heures par semaine pour survivre. Tout ce que plus de 40 heures de succès. Si vous travaillez seulement 40 heures et la semaine de travail moyenne est maintenant plus proche de 35 heures, tout ce qu'ils font, c'est survivre. Vous ne voudrez plus quitter. Vous ne serez jamais un grand succès financier. Vous ne serez jamais très respectés et appréciés par leurs pairs. Vous serez toujours bof le travail de base 40 heures par semaine.
Mais à chaque fois plus de 40 est un investissement dans votre avenir. Vous pouvez savoir où vous allez être dans cinq ans le nombre d'heures d'observation au-

dessus de 40 sont placés dans chaque semaine. La moyenne des self-made millionnaire dans l'United States travaille 59 heures par semaine et certains d'entre eux travaillent 70 à 80 heures. La moyenne des self-made millionnaire dans l'United States travaille six jours par semaine au lieu de cinq jours et les œuvres plus ainsi. Si vous souhaitez appeler un self-made millionaire, appelez le cabinet avant les heures normales de travail et après les heures normales de travail. Le self-made millionaire est là quand l'arrivée du personnel, 9 à 5, et est toujours là quand ils partent.

Et voici la clé : travailler tout le temps. Lorsque vous travaillez, ne perdez pas de temps. Lorsque vous arrivez à l'avance, placez votre tête vers le bas et commencer immédiatement. Quand les gens veulent vous parler, s'excuser et de dire, "je dois retourner au travail !" pour ne pas laisser votre téléphone, nettoyage à sec, de socialiser avec vos amis, collègues ou lire le journal. Travailler tout le temps. Résoudre aujourd'hui de développer la réputation d'être la personne qui travaille plus dur pour votre entreprise. Cela vous mènera à l'attention des personnes qui peuvent vous aider plus rapidement que presque toute autre chose que vous pouvez faire.

Secret de Succès numéro 7, vous consacrer à l'apprentissage. Le fait est qu'il n'a plus de cervelle, les compétences, et l'intelligence que vous pourriez utiliser si vous ont été consacrées au travail sur le développement de l'informatique pour le reste de votre vie. Ils sont plus intelligents que vous pouvez imaginer. Il n'y a pas d'obstacle qui ne peut être surmontée, il n'y a pas de problème qui ne peut être résolu et qu'aucun objectif ne peut être atteint par l'application de votre esprit à votre situation.

Mais votre esprit est comme un muscle. Ne se développe avec l'utilisation. Il vous suffit de mettre la pression sur les muscles physiques pour les construire, vous devez travailler vos muscles mentaux pour créer votre compte. La bonne nouvelle est que, plus vous apprenez, plus vous pouvez apprendre. Plus vous jouez comme un sport, le mieux que vous obtenez dans le sport. Plus vous consacrez-vous à l'apprentissage, il est plus facile et plus rapide d'apprendre encore plus.

Les ***dirigeants sont les apprenants***. L'apprentissage continu est la clé pour le xxie siècle. L'apprentissage continu est le minimum requis pour réussir dans votre domaine, ou dans n'importe quel domaine. Prendre une décision aujourd'hui qu'elle va être un étudiant de votre bateau, et cela va continuer à apprendre et à être mieux pour le reste de votre vie.

Il y a plusieurs clefs pour l'apprentissage tout au long de la vie. La première clé est que vous obtenez et lire dans leur domaine pendant 30 à 60 minutes chaque jour. La lecture est à l'esprit que l'exercice est au corps. Quand vous lisez pendant une heure chaque jour, cela se traduit par environ un livre par semaine. Un livre par semaine, 50 livres par an. À partir de l'adulte moyen lire moins d'un livre par an, lorsque vous commencez à lire une heure par jour vous donnera un avantage incroyable dans leur domaine. Vous allez devenir un des meilleurs, plus compétents et mieux rémunérés les gens dans leur profession avec la simple lecture d'une heure chaque jour.

La seconde touche à l'apprentissage est pour vous d'écouter des programmes audio, surtout dans votre voiture lors de la conduite

d'un endroit à l'autre. La personne moyenne est assis dans sa voiture de 500 à 1 000 heures par an. C'est l'équivalent de 12 à 24 semaines ou 40 heures jusqu'à trois à six
Mois du temps de travail que vous passez dans votre voiture. C'est l'équivalent d'un à deux semestres d'études à temps plein à l'université.
Mettez votre voiture dans une machine à apprendre, dans une université sur roues. Ne laissez jamais le moteur de votre voiture fonctionne sans un programme d'enseignement lecture audio. Beaucoup de gens sont devenus millionnaires par le miracle de l' apprentissage de l'audio. C'est la raison pour laquelle l'apprentissage audio est souvent appelée la "plus grande avancée dans le domaine de l'éducation depuis l'invention de l'imprimerie".

La troisième touche à l'éducation permanente est pour vous de prendre chaque cours et séminaire peuvent trouver qui peuvent vous aider à être mieux dans votre domaine. La combinaison d'ouvrages, de séminaires et de programmes audio vous permettra d'économiser des centaines d'heures et des milliers de dollars, et plusieurs années de travail, d'atteindre le même niveau de réussite financière.

Prendre une décision aujourd'hui d'être un apprenant tout au long de la vie. Vous serez surpris par l'effet que cela a sur votre carrière.

Succès secret numéro huit, payez-vous en premier. Épargner et investir 10 % de leur revenu tout au long de leur vie. Prendre les 10 % de leur revenu le dessus de votre chèque de règlement chaque fois que vous le recevez et la met dans un compte spécial de

l'accumulation financière. Si vous venez d'économiser 100 $ par mois tout au long de leur vie professionnelle et de l'argent que vous avez investi dans un fonds commun de cette moyenne a augmenté à un taux de 10 % par an, vous devrait accumuler une fortune de 1 118 000 $ au moment où il a pris sa retraite. Cela signifie que personne, pas même une personne du salaire minimum, si commencé assez tôt et économisez le temps peut devenir un millionnaire au cours du temps.

On a dit que, "Si vous pouvez économiser de l'argent, puis les graines de la grandeur ne sont pas à vous." développer l'habitude d'épargner et investir votre argent n'est pas facile. Vous avez besoin d'une grande détermination et la force de volonté. Vous devez le définir comme un objectif, écrivez-le, faites un plan et travailler sur tout le temps. Mais une fois qu'il se fige et devient

automatique, votre réussite financière est garantie.
La pratique de la frugalité, d'austérité, la frugalité en toutes choses. Vous devez être très prudent avec votre argent. Question toutes les dépenses. Retarder ou reporter toute décision d'achat important pour au moins une semaine, si ce n'est pas un mois. Plus vous reporter une décision d'achat, meilleure sera votre décision et vous obtiendrez le meilleur prix à l'époque.

L'une des principales raisons pour lesquelles les gens prennent leur retraite est pauvre parce que les achats impulsifs. Ils voient quelque chose à acheter, avec très peu de réflexion. Devenir victimes de ce qu'on appelle "la loi de Parkinson." Cette loi dit que "les dépenses augmenter pour répondre recettes." Peu importe combien vous gagnez, vous passez ce montant et un peu plus loin.

Vous n'obtiendrez jamais de l'avant et ne jamais sortir de la dette.

Mais ce n'est pas pour vous. Si vous pouvez économiser 10 % de votre revenu, commencer maintenant pour enregistrer les 1 % de leurs revenus sur un compte spécial d'épargne et d'investissement. Mettre à l'écart au début de chaque mois, avant même de payer leurs dettes. Ils vivent de l'autre 99 % de leur revenu. Comme vous devenez un salon confortable dans un 99 %, élever votre niveau d'épargne de 2 % de leur revenu, alors les 3 % et 4 %, et ainsi de suite.

En un an, vous économiserez le 10 % et même 15 % ou 20 % de votre revenu et de vivre confortablement sur le solde. En même temps, votre épargne et investissements commenceront à se multiplier. Vous devez être plus prudent avec vos dépenses et vos dettes seront payées. Dans un an ou deux, tous votre vie financière

sera sous votre contrôle et vous serez sur votre chemin à devenir un millionnaire self-made. Ce processus a travaillé pour tout ce que j'ai jamais goûté. Voir pour vous-même.

Secret de Succès numéro 9, découvrez tous les détails de votre entreprise. Le marché que paie des récompenses pour des performances excellentes. La moyenne sont payés pour la moyenne de rendement inférieur à la moyenne et les récompenses, l'échec et la frustration en dessous de la moyenne. Votre travail est de devenir un expert dans votre domaine choisi d'apprendre tous les détails sur la façon de le faire de mieux en mieux.

Lire tous les magazines dans votre domaine. Lire et étudier les derniers livres. Assister aux cours et séminaires offerts par des experts dans leur domaine. Inscrivez-vous votre association professionnelle ou de l'industrie,

d'assister à toutes les réunions et de participer avec d'autres dans votre domaine.

La Loi de complexité d'intégration dit que la personne qui peut s'intégrer et d'utiliser le plus d'informations dans tout domaine bientôt montées au sommet du domaine. Si vous travaillez dans les ventes, devenir un agressif, tout au long de la vie de l'étudiant du processus de vente. Les 20 % des vendeurs gagnent, en moyenne, 16 fois le montant de la partie inférieure de 80 % de la commercialisation. Les 10 % de la commercialisation de faire encore plus. Si vous êtes dans la gestion, volonté de devenir un excellent directeur professionnel. Si vous allez à démarrer et développer votre propre entreprise, l'étude des stratégies et tactiques d'affaires et d'appliquer de nouvelles idées chaque jour.

Définir un objectif pour lui-même pour devenir le meilleur dans votre entreprise ou profession. Un petit détail, l'intuition ou l'idée peut être le point tournant dans sa carrière. Ne jamais arrêter la recherche.

Numéro dix Secrets de réussite, consacrez-vous à servir les autres. Vos récompenses dans la vie sera toujours en proportion directe de leur service à d'autres personnes. Tous les self-made millionnaires ont une obsession avec le service à la clientèle. Ils pensent à leurs clients en tout temps. Ils sont sans cesse à la recherche de nouvelles et meilleures façons de servir les clients mieux que quiconque.
Gardez ces questions, demandant "Qu'est-ce que mes clients veulent vraiment ? Qu'est-ce que mes clients ont vraiment besoin ? Mes clients considèrent la valeur ? Qu'est-ce que je peux donner à mes clients mieux que

n'importe qui d'autre ? Qu'est-ce que mes clients achètent à d'autres aujourd'hui et ce que j' ai à leur offrir à acheter de moi ?".

Votre succès dans la vie sera en proportion directe de ce que vous faites après vous faire ce qu'ils sont censés faire. Toujours rechercher des occasions de faire plus de ce que vous payez pour. Toujours aller plus loin pour leurs clients. Rappelez-vous, il n'y a jamais d'embouteillages dans le mile supplémentaire.

Ici, c'est la question que vous devez vous poser et répondre à, chaque jour : "Que puis-je faire pour augmenter la valeur du service pour mes clients aujourd'hui ?" Chercher des façons d'ajouter de la valeur à ce que vous faites et les personnes qui dépendent de vous chaque jour. Une petite amélioration dans la façon de servir vos clients peut être l'une des principales raisons de votre réussite

financière. Ne jamais s'arrêter à ces petites façons de mieux servir leurs clients.

Succès secret numéro onze, être parfaitement honnête avec vous-même et d'autres. Peut-être les plus appréciés et respectés qualité peut développer une réputation d 'intégrité absolue. Être honnête dans tout ce que vous faites et toutes les transactions et l'activité. Ne jamais compromettre votre intégrité pour quoi que ce soit. N'oubliez pas que votre mot est votre lien et son honneur est tout quand il vient aux affaires.

Tous les candidats à l'entreprise est basée sur la confiance. Son succès à devenir un millionnaire self-made sera déterminée uniquement par le nombre de personnes qui ont confiance en vous et qui sont prêts à travailler pour vous, donner crédit, vous prêter de l'argent, d'acheter vos produits et services, et pour vous aider pendant les périodes

difficiles. Son caractère est la chose la plus importante que vous développez tout au long de sa vie et de son caractère est basé sur la qualité de l'intégrité qui vous la pratique.
La première partie de l'intégrité est d'être fidèle à lui-même, en toutes choses. Être fidèle à la meilleure qui est en vous. Être fidèle à soi-même signifie que vous faites dans un excellent moyen. L'intégrité est illustré à l'interne par l'honnêteté et à l'externe par la qualité du travail.

Puis, être fidèle aux autres personnes dans votre vie. De vivre dans la vérité avec tous. Ne jamais faire ou dire quelque chose que je ne crois pas qu'il est juste et bon et honnête. Refuser de compromettre son intégrité pour rien. Toujours au meilleur de votre capacité.
Voici une question pour vous poser et répondre sur une base régulière : "Quel genre

de monde serait mon monde, si le monde entier était comme moi ?".

Cette question vous demande d'établir des normes élevées pour eux-mêmes et garder la barre. Agir comme si votre chaque mot et chaque action doit devenir une loi universelle. Effectuer vous-même comme si tout le monde est à vous et vos modèles de comportement après la vôtre. Et en cas de doute, toujours faire la bonne chose, quoi que ce soit et quel que soit le coût.

Succès secret numéro douze, de fixer les priorités de vos activités et de concentrer le seul but d'une chose à la fois. C'est la formule clé pour de hauts niveaux de productivité et de performance, et de devenir un millionnaire self-made. Avec cette formule, l'établissement de priorités et la mise au point, vous pouvez faire pratiquement tout ce que vous voulez dans la vie. Cette stratégie simple a été la principale raison de revenus élevés, la création de richesse et d'indépendance financière pour des milliers et même des millions de personnes.

Leur capacité à déterminer leur plus haute priorité, et ensuite travailler sur cette priorité avant d'avoir terminé le premier test et mesure de la force de volonté, l' auto-discipline et de caractère personnel. C'est la chose la plus difficile à faire, mais aussi le plus important si vous voulez être un grand succès.

Ici, c'est la formule. Faites une liste de tout ce que vous avez à faire avant de commencer. Établir les priorités sur cette liste en posant quatre questions, de plus en plus.

Ma première question est : "Quelles sont mes activités de plus grande valeur ?" Qu'est-ce que vous pouvez faire, c'est plus précieux que

toute autre chose dans votre travail et votre entreprise ?

La deuxième question est : "Pourquoi suis-je sur la liste de paie ?" C'est exactement ce qui a été engagé pour mener à bien ? L'accent sur les résultats et non sur les activités.

Question numéro trois est : "Que puis-je et que je que, si bien fait, fera une réelle différence ?" C'est quelque chose que vous seul pouvez faire. Si vous ne le faites pas, vous ne. Mais s'ils le font, et ils le font bien, vous pouvez faire une grande différence dans votre entreprise ou votre vie personnelle. C'est quoi ?

La quatrième question est : "Quel est le plus précieux de l'utilisation de mon temps en ce moment ?" Il n'y a qu'une réponse à cette question à tout moment. Leur capacité de déterminer la plus utile de votre temps, et puis

de commencer dans cette tâche est la clé de la productivité élevée et le succès financier.

Enfin, s'engager à travailler uniquement dans le but d'une tâche, la tâche la plus importante, et rester avec elle jusqu'à ce qu'il a été achevé en un 100 %. Persévérer sans déviation ou distraction. S'efforcer de rester au travail jusqu'à ce que vous avez terminé.
La bonne nouvelle, c'est que continue d'établir des priorités et de se concentrer sur des tâches à plus forte valeur ajoutée, vous serez bientôt développer l'habitude de la haute performance. Cette habitude sera ensuite deviennent automatiques et presque vous garantir le succès dans la vie. Cette habitude ne peut faire de vous un millionnaire.

Numéro 13 secrets de réussite, développer une réputation pour leur rapidité et fiabilité. Le

temps est la devise du 21e siècle. Tout le monde est aujourd'hui à la hâte. Les clients qui ne savent même pas qui voulaient un produit ou service que vous souhaitez désormais hier. Les gens sont de moins en moins patient pour rien. Les clients fidèles fournisseurs pour changer du jour au lendemain si quelqu'un peut les servir plus rapidement que les personnes qui sont déjà en train de traiter. La gratification instantanée n'est pas assez rapide.

Leur travail est de développer une réputation pour la vitesse. Développer un sentiment d'urgence. L'élaboration d'un parti pris pour l'action. Aller vite en opportunités. Aller vite quand les gens veulent ou ont besoin de quelque chose. Se déplacer rapidement quand il voit quelque chose qui doit être fait. Lorsque le client ou votre patron vous demande de faire quelque chose, tout le reste

et de le faire si rapidement que sont surpris. Il a été dit que "chaque fois que vous voulez faire quelque chose, le donner à un homme très occupé, ou une femme." Les personnes qui ont la réputation d'agir rapidement pour attirer de plus en plus d'opportunités et possibilités pour eux. Vous obtenez de plus en plus de possibilités de faire de plus en plus de choses plus vite que d'autres personnes qui vient de faire le travail quand ils le faire. Lorsque vous pouvez combiner votre capacité à déterminer leur plus haute priorité à l'engagement de faire vite et bien, vous trouverez le mouvement vers l'avant. Plusieurs portes et les possibilités s'offrent à vous que vous ne pouvez l'imaginer aujourd'hui.

Numéro 14 secrets de réussite, vous devez être prêt à passer de la crête à crête dans sa vie et de sa carrière. En tant qu'alpiniste qui a

atteint un sommet doit descendre dans la vallée pour monter un autre pic, votre vie sera la même. Sa vie et sa carrière sera une série de hauts et de bas. Comme on dit, "La vie est à deux pas en avant et un pas en arrière."

Tous les cycles de vie de l'entreprise et les tendances. Il y a des cycles et des cycles de ci-dessous. Il existe des tendances dans l'entreprise qui peut souvent conduire à un changement complet de l'industrie. Nous le voyons aujourd'hui avec l'Internet et de l'expansion de la technologie dans toutes les directions, en changeant beaucoup de nos idées fixes et croyances sur la façon de faire des affaires.

Développer une perspective de longue date. Adopter une perspective à long terme sur tout ce que vous faites. Deux, trois, quatre et cinq ans dans l'avenir et ne vous permet pas

d'obtenir sur un roller coaster émotif avec le court terme les hauts et les bas de la vie quotidienne.
Vous rappeler que tout dans votre vie est cyclique et les tendances. Être calme, sûr et détendu, avec des fluctuations à court terme dans sa fortune. Lorsque vous avez des objectifs clairs et des plans qui travaillent chaque jour, la ligne de la tendance générale de sa vie aura tendance à être vers le haut et vers l'avant au fil des ans.

Numéro secret succès quinze l' auto-discipline, la pratique en toutes choses. C'est la qualité la plus importante pour réussir dans la vie et devenir millionnaire self-made. Si vous pouvez vous-même la discipline de faire ce qu'ils doivent faire, quand le faire, si vous le vouliez ou non, leur succès est presque garanti.

La clé pour devenir un millionnaire est l' auto-prise de vue de longue date, associées à une capacité de retarder la satisfaction immédiate à court terme. C'est leur capacité à fixer un objectif financier à long terme de devenir riches et ensuite de la discipline, tous les jours, et avec chacune des dépenses, de ne faire que les choses qui feront en sorte que, en dernière analyse, d'atteindre son objectif à long terme.

Signifie l'masterySelf-discipline, l'auto-responsabilité et contrôle de soi. La différence entre les personnes réussies et les échecs, c'est que les personnes réussies font une habitude de faire les choses que les échecs n'aime pas faire. Et quelles sont ces choses ? Les choses que les échecs n'aime pas à faire sont les choses que les gens ne veulent pas faire. Mais le succès des gens faire de toute façon parce qu'ils se rendent compte que ce

sont les prix qui doivent être payés par le succès qu'ils désirent.

Les personnes réussies sont plus préoccupés par des résultats satisfaisants. Les échecs sont plus préoccupés de plaire au méthodes. Les personnes réussies font des choses qui ne sont pas l'objectif à atteindre. Les mauvaises personnes à faire les choses qui sont de soulager la tension. Les personnes réussies font des choses qui sont difficiles et nécessaires et importantes. Les gens sans succès, d'autre part, préfère faire des choses qui sont amusement et faciles et une gratification immédiate.

La bonne nouvelle est que chaque acte d' auto-discipline renforce son d'autres disciplines. Chaque fois que vous pratiquer l' auto-discipline, votre estime de soi augmente. Vous aimez et respectez-vous encore plus. Et plus vous pratiquer la

discipline dans les petites choses, les plus à même de devenir les principales disciplines dans les grandes possibilités et les expériences et les défis de la vie.

Rappelez-vous, tout dans la vie est un test. Chaque jour, chaque heure et chaque minute, parfois, vous prenez un test de la maîtrise de soi, l'autodiscipline et le contrôle de soi. Le test est de voir si vous pouvez vous faire faire les choses qui sont les plus importantes et de rester avec eux jusqu'à ce qu'ils sont complets. Le test est de savoir si oui ou non vous pouvez garder votre esprit sur ce que vous voulez et où vous allez, au lieu de penser à des choses que vous ne voulez ou vous avez eu des problèmes dans le passé. Quand vous passez le test, vous pouvez passer à l'année suivante. Et aussi longtemps que le passage du test, vous devez continuer à aller vers le haut et vers l'avant dans votre vie.

Numéro 16 secrets de réussite, déverrouillez votre créativité innée. Voici quelques bonnes nouvelles. Vous êtes un génie. Ils sont plus intelligents que vous avez jamais imaginé. Vous avez themore matières brain power et capacité créative qui n'ont jamais utilisé.

Votre cerveau a 100 millions de cellules, dont chacune est reliée à un maximum de 20 000 d'autres cellules par un réseau complexe de neurones et les dendrites. Cela signifie que les combinaisons et permutations possibles des cellules de votre cerveau est plus grand que le nombre de molécules dans l'univers connu. Sa capacité à développer des idées pour vous aider à réussir est infini et illimité. Cela signifie que votre capacité de réussir est illimité.

Votre créativité est stimulée par trois choses : intensément des objectifs souhaités, en appuyant sur les problèmes et questions

spécifiques. Plus vous concentrer votre esprit sur l'atteinte de leurs objectifs, résoudre leurs problèmes ou répondre aux questions de votre vie personnelle et professionnelle, plus intelligents, plus vite votre esprit fonctionne pour vous dans l'avenir.

Votre cerveau, votre créativité, c'est comme un muscle. Plus vous utilisez, les plus solides et plus résistantes il devient. Vous pouvez même augmenter votre intelligence et QI de discipliner lui-même de penser de manière créative tout au long de la journée. Et rappelez-vous, la créativité est juste un autre mot pour "amélioration". Chaque fois que vous trouver une idée pour améliorer n'importe quelle partie de votre travail, de trouver de nouveaux, mieux, plus vite et moins cher ou plus facile des moyens de parvenir à un résultat, qui opèrent au plus haut niveau de créativité.

Nombre secret du succès de 17 ans, proposé par les bonnes personnes. Les 85 % de votre succès dans la vie va être déterminée par la qualité des relations qui a dans son personnel et ses activités. Plus les gens que vous connaissez et qui vous connaissent d'une manière positive, plus il sera et plus vite vous aller de l'avant. Dans pratiquement chaque point tournant dans sa vie, quelqu'un est là pour vous aider ou entraver. Les personnes réussies font une habitude de construire et maintenir un réseau de relations de haute qualité tout au long de leur vie, et par conséquent, obtenir beaucoup plus que la personne moyenne qui va à la maison et regarder la télévision chaque soir.

Tout est dans les relations interpersonnelles. Pratiquement tous vos problèmes dans la vie sera comme la suite de son introduction dans de mauvaises relations avec les mauvaises personnes. Pratiquement tous les grands succès dans la vie sera accompagné d'excellentes relations avec les bonnes personnes qui vous aident et qui vous aide dans la déclaration.

Plus de 90 % de son succès sera déterminé par le "Groupe de référence". Son groupe de référence est défini comme les personnes vous généralement d'identifier et d'associer, la plupart du temps. Vous êtes comme un caméléon qui prennent sur les attitudes, les comportements, les valeurs et les croyances des personnes que vous associez à la plupart du temps. Si vous voulez être une personne réussie, de s'associer avec les personnes positives. S'associer avec des gens qui sont optimistes et heureux et qui ont des objectifs différents et qui vont de l'avant dans leur vie. En même temps, loin de la critique, négative,

se plaignant de la population. Si vous voulez voler avec les aigles, ne peut pas être l'éraflure avec les dindes.

Self-made millionnaires en continu sur le réseau. Inscrivez-vous votre l'industrie et les associations commerciales, assister à toutes les réunions et de participer à des activités. Il est soumis à la population pour les entreprises et les milieux sociaux, la main sur vos cartes d'affaires et de dire aux gens ce qu'ils font.

Et ici est l'une des meilleures stratégies de tous. Lorsque vous rencontrez une nouvelle personne, demandez-leur de vous dire au sujet de leur entreprise et, en particulier, de vous dire ce que vous devez savoir pour envoyer un client ou un client .

Puis, dès que possible, voir si vous pouvez envoyer quelques affaires à votre façon. Être un givergo-acquéreur au lieu d'un. Toujours chercher des moyens de mettre en avant de commencer à réfléchir aux moyens à mettre en oeuvre. La meilleure façon de réseauter et d'établir leurs relations est constamment chercher des façons d'aider d'autres personnes à atteindre leurs propres objectifs. Plus vous donnez de vous-même, sans espoir de retour, plus de bonus qui sera de retour de la plupart des sources inattendues.

Secret numéro dix-huit succès, prenez soin de votre santé physique. Nous vivons un moment merveilleux dans l'histoire humaine en termes de longévité et de forme physique. Vous pouvez vivre mieux et plus longtemps que jamais auparavant a été possible. Votre objectif doit être de vivre jusqu'à 80 ou 90 ou 100 ans, est dans un excellent état de santé, et vous pouvez faire si vous décidez de.
Définir un objectif de vivre au moins 80 ans. Puis, regardez leurs habitudes de santé actuel et demandez-vous si la manière dont ils vivent

aujourd'hui atteindra l'âge de 80 ans en bonne forme ?

Il y a trois clés pour vivre une longue vie saine et heureuse. Le premier est le poids approprié. Définir un objectif pour obtenir votre poids sous la commande, puis rester maigre et de mettre en place pour le reste de votre vie. Il y a un mot cinq formule pour la perte de poids et l'exercice physique. C'est tout simplement ceci : "manger moins et faire plus d'exercice."

En second lieu, de l'alimentation. La clé d'une bonne alimentation est que vous mangez des aliments mieux et moins. Manger plus de source de protéines maigres, les fruits et les légumes. Supprimer les desserts, les boissons gazeuses, les bonbons et tout ce qui contient du sucre à partir de votre vie. Arrêter de manger de sel supplémentaire et cesser de manger des produits de farine blanche.

Mangez de plus petites portions et manger quatre ou cinq fois par jour au lieu de trois gros repas. Lorsque vous pouvez prendre le contrôle total de vos habitudes alimentaires, vous trouverez plus facile de prendre le contrôle de vos habitudes de manger dans d'autres parties de votre vie.

La troisième clé de la vie est un bon exercice. Cela exige que l'exercice d'environ 200 minutes par semaine, soit une moyenne de 30 minutes par jour. Vous pouvez obtenir toute l'exercice, vous devez en allant pour une vigoureuse de 30 à 60 minutes à pied de trois à cinq jours par semaine. Si vous êtes vraiment sérieux, vous devez vous joindre à un club de santé ou obtenir de l'équipement de conditionnement physique pour la maison et travailler encore plus vigoureusement.

La clé d'une excellente santé physique et une longue vie est pour vous de fixer des objectifs clairs, spécifiques à leurs niveaux de la santé et de remise en forme. C'est à vous de faire un plan et ensuite à son plan de travail chaque jour. Cette demande d'énormes la maîtrise de soi, maîtrise de soi et l'auto-discipline, mais le remboursement peut être remarquable.

Si votre but est d'atteindre une valeur nette d'environ un million de dollars, votre objectif doit être de vivre autant que possible de sorte que vous pouvez profiter d'un merveilleux style de vie avec votre argent.

Numéro 19 secrets de réussite, sera décisive et orientée vers l'action. L'une des marques de self-made millionnaires est de bien y réfléchir et ensuite prendre des décisions rapidement. A la discipline à prendre des mesures et d'appliquer les décisions qu'ils ont

réalisés. Ils se déplacent rapidement et permet un retour rapide de leurs actions. S'ils découvrent qu'ils ont fait une erreur, rapidement auto-corriger et essayer autre chose.

La clé du succès est que vous pouvez essayer. Les personnes réussies sont cruciales et beaucoup plus que la personne moyenne. Par la loi des probabilités, si vous essayer d'autres façons de réussir, les chances sont que vous allez trouver le bon chemin pour vous au bon moment.
Les personnes non sont indécis.

Ils savent quoi faire ou ne pas faire certaines choses, mais ils n'ont pas le caractère ou la force de volonté de prendre des décisions fermes. En conséquence, ils marchent à travers la vie, jamais heureux, rempli ou réussi. Ils n'ont jamais devenir riche ou

d'atteindre l'indépendance financière. Sont installés pour beaucoup moins que ce qui est possible pour eux.
Lorsque vous devenir déterminante et orientée vers l'action, vous pouvez changer votre vie entière en haute vitesse. Vous obtenez beaucoup plus en un jour que la personne moyenne. Vous pouvez déplacer beaucoup plus vite que les gens autour de vous. Vous touchez vraiment dans une source supérieure de l'énergie, l'enthousiasme et la motivation qui vous comblera de joie et d'exaltation qui vous propulse en avant encore plus rapidement vers vos buts. Vous demandez, "quelle action, si je l'ai fait immédiatement, pourrait avoir le plus grand impact positif sur le résultat ?" Quelle que soit la réponse à cette question, faites-le !

Numéro 20 secrets de réussite, je n'ai jamais envisagé la possibilité d'un échec. La peur de

l'échec est le plus grand obstacle à la réussite dans la vie adulte. Notez que ce n'est pas l'échec lui-même. Il vous rend plus fort et plus résistantes et plus déterminé. C'est la peur de l'échec ou l'anticipation de l'échec qui peut paralyser vos pensées et vos activités et nous aurons encore à essayer de faire les choses que vous devez faire pour être un grand succès.

Une jeune journaliste demanda Thomas J. Watson Sr., le fondateur d'IBM, comme pourrait être plus de succès plus rapidement. Watson a répondu à ces belles paroles : "Si vous voulez réussir plus rapidement, vous devez doubler votre taux d'échec. Le succès se trouve de l'autre côté de l'erreur".

J'ose aller de l'avant. Self-made millionnaires ne sont pas les joueurs, mais ils sont toujours prêts à prendre des risques calculés dans le sens de leurs objectifs d'atteindre une plus

grande récompense. En fait, son attitude à l'égard de la prise de risque est probablement l'indicateur le plus important de sa volonté de devenir riche.

Face à une situation à risque, posez-vous cette question, "quelle est la pire chose qui pourrait arriver si je peux continuer ?", alors vous devez faire comme J. Paul Getty, le milliardaire self-made a suggéré d'huile et s'assurer que quoi que ce soit, ça n'arrivera pas.

Le fait est que tout le monde a peur de l'échec. Tout le monde a peur de la perte et de la pauvreté. Tout le monde a peur de faire une erreur et il est de retour. Mais self-made millionnaires sont ceux qui consciemment et délibérément faire face à cette peur et de prendre des mesures de toute façon. Ralph Waldo Emerson a écrit, "prendre l'habitude tout au long de sa vie pour faire les

choses que vous craignez. Si vous n'avez pas peur, la mort de peur est certaine".
Lorsqu'il agit avec courage et forces invisibles viendra à votre aide. Et chaque acte de courage augmente sa valeur et la capacité pour l'avenir. À condition que des mesures soient prises en marche avant, avec aucune garantie de réussite, diminuer vos craintes et votre courage et confiance en soi augmente. On finit par arriver au point où vous n'avez pas peur de quoi que ce soit.

Peut-être la meilleure ligne du film, Apollo 13, est venu de Eugène Krantz, chef de la NASA Space Command. Quand le monde entier commence à penser à la perte de l'engin spatial et les astronautes, les mettre tous ensemble, annonçant à haute voix que "l'échec n'est pas une option".
Votre travail est de s'engager à devenir un millionnaire self-made. Votre travail consiste à

fixer des objectifs spécifiques pour vous, d'écrire et de travailler sur eux tous les jours. Et surtout, elle doit continuer à se souvenir, à la face de tous les problèmes et difficultés qu'il a vécu, que "l'échec n'est pas une option !" C'est l'attitude, qui plus que toute autre chose, s'assurer son succès à long terme.

Et enfin, le vingt et unième secret du succès de self-made millionnaires est de retour tout ce que vous pouvez faire avec les deux qualités de persévérance et de détermination. La persévérance est la qualité du fer de caractère. La persistance est le caractère de l'homme comme le carbone est à l'acier. La qualité de la persistance est absolument essentiel que la qualité va de pair avec un grand succès dans la vie.

Et voici l'un des grands secrets de la persistance et de la réussite. C'est pour

programmer votre esprit subconscient pour la persistance avec un préavis suffisant des revers et des déceptions que vous allez avoir dans votre recherche pour le succès. Régler à l'avance qui n'abandonnent jamais, peu importe ce qui se passe.

Lorsque vous êtes dépassé par un problème ou difficulté, vous n'avez pas assez de temps pour développer la volonté et la persévérance. Mais si vous prévoyez à l'avance pour les inévitables hauts et bas de la vie, quand vous venez, vous serez préparés psychologiquement. Vous serez prêt.

Avoir le courage de persévérer dans l'adversité et la déception est la qualité qui, plus que toute autre chose, s'assurer votre succès. Son atout principal est peut-être sa volonté de demeurer dans son plus que quiconque. En fait, votre persévérance est la

vraie mesure de votre croyance dans vous-même et votre capacité à réussir.

Rappelez-vous, la vie est un test. Pour vous d'être réussi, vous devez réussir le test de la "persistance". Ce test est un questionnaire. Vous pouvez venir à vous à tout moment, généralement totalement inattendu et du côté gauche du champ. Faites le test de persistance toujours confrontés à une difficulté imprévue, la déception, l'échec, l'échec ou de crise dans la vie. C'est là que vous montrer à vous et à tous ceux qui vous entourent, qu'ils sont vraiment.

Épictète, le philosophe romain a écrit, "les circonstances ne rendent pas l'homme. Ils ont tout simplement révéler lui-même".

La seule chose qui est inévitable dans votre vie est la crises répétées. Si vous vivez une vie très occupée, vous aurez une crise tous les deux ou trois mois. Parmi ces crise

inévitable sera une succession continue de problèmes et de difficultés. En plus de choses à essayer, le plus grand de ses objectifs, vous êtes plus engagée à devenir un millionnaire self-made, plus de problèmes et de crises qui feront l'expérience.

La seule chose que vous pouvez contrôler est votre façon de réagir aux difficultés et des échecs. Et la bonne nouvelle est que chaque fois que vous répondre de façon positive et constructive, devenir plus fort et mieux et plus capable de faire face au problème suivant ou de crise qui vient. Enfin, il y a un point dans la vie où vous devenez absolument imparable.
Il va être comme une force de la nature. Vous serez irrésistible. Vous allez devenir le genre de personne qui ne s'arrête jamais, peu importe ce que la difficulté. Peu importe les obstacles sont mis dans votre chemin, vous allez trouver un moyen de transmettre, sous,

autour ou à travers elle. Vous serez comme le lapin Energizer dans TV ads. Vous devriez continuer et de cours et va.

Permettez-moi de répéter le message le plus important tout au long de ce programme. C'est ceci : "Le succès est prévisible".

La réussite n'est pas une question de chance ou d'un accident ou d'être au bon endroit au bon moment. Le succès est aussi prévisible que le soleil se levant à l'Est et à l'ouest. Grâce à la pratique des principes que vous avez appris, se déplace vers l'avant de la ligne de vie. Vous aurez un avantage incroyable sur les gens qui ne savent pas ou qui ne pratiquent pas ces techniques et stratégies. Vous avez un avantage qui vous donnera la marge de victoire pour le reste de sa vie et de sa carrière.

Si vous constamment et en permanence de faire les choses que d'autres personnes faire avec succès, il n'y a rien dans le monde qui

peut vous empêcher de devenir un grand succès par lui-même. Vous êtes l'architecte de votre propre destin. Vous êtes le maître de votre propre destin. Vous êtes derrière le volant de votre propre vie. Il n'y a pas de limites à ce que vous pouvez faire, avoir ou être soumis aux limitations que vous mettez en vous par votre propre pensée.

Rappelez-vous, vous êtes aussi bon ou meilleur que n'importe qui d'autre que vous rencontrerez jamais. Vous êtes un être humain exceptionnel. Vous avez des talents et capacités beaucoup plus grand que tout ce que vous avez obtenus ou utilisés jusqu'à présent. Vous avez le potentiel de faire de grandes choses avec votre vie. Sa grande responsabilité de rêver grand, décider exactement ce que vous voulez, faites un plan pour ce faire, la pratique les stratégies enseignées dans ce programme, passez à

l'action tous les jours dans le sens de leurs rêves et objectifs et d'éliminer n'abandonnez jamais, jamais. En faisant ces choses, vous vous mettez du côté des anges. Vous devenez imparable et son succès devient inévitable.

Chapitre Trois

Les secrets de la réussite dans la vie

Vital 200 secrets de réussite et les piliers du Self-Mastery

1. Moins de sommeil. C'est l'un des meilleurs investissements que vous pouvez faire pour rendre votre vie plus productive et enrichissante. La majorité des gens n'ont pas besoin de plus de 6 heures afin de conserver un excellent état de santé. J'ai essayé de me relever une heure avant 21 jours et sera développé en un puissant habitude. Rappelez-vous, c'est la qualité, pas la quantité de sommeil qui est important. Et imaginez avoir un supplément de 30 heures par mois à consacrer à des choses qui sont importantes pour vous.

2. Mettre de côté une heure chaque matin pour les questions de développement personnel. Méditer, visualisez votre journée,

lire des textes inspirants pour donner le ton de votre journée, l'écoute de cassettes de motivation ou lire une grande littérature. Profitez de cette période de tranquillité pour stimuler et promouvoir son esprit pour la journée à venir. Regarder le soleil se lever une fois par semaine ou être avec la nature. Bien commencer la journée est une stratégie puissante pour l' auto-renouvellement et de son efficacité personnelle.

3. Ne pas laisser les choses les plus importantes de sa vie d'être à la merci des activités qui sont moins importants. Chaque jour, prenez le temps de vous poser la question, "Est-ce la meilleure utilisation de mon temps et d'énergie ?" la gestion du temps est la gestion de la vie pour protéger votre temps avec le plus grand soin.

4. Utilisez la méthode élastique à l'état de votre esprit de se concentrer uniquement sur les éléments les plus positifs dans votre vie.

Placer une bande de caoutchouc sur votre poignet. Chaque fois qu'une pensée négative, saper l'énergie entre dans votre esprit, régler la bande élastique. Par la puissance de climatisation, votre esprit pour associer la douleur avec la pensée négative et bientôt peut-être une mentalité fortement positive.

5. Toujours répond au téléphone avec enthousiasme dans votre voix et montrer votre appréciation à l'appelant. Bonnes manières de téléphone sont essentiels. De transmettre l'autorité sur la ligne, le stand-up. Cela va inspirer une plus grande confiance dans sa voix.

6. Tout au long de la journée nous avons tous recevoir l'inspiration et de grandes idées. Maintenir un ensemble de cartes (de la taille des cartes ; il est disponible dans la plupart des boutiques fixes) dans votre portefeuille avec un crayon pour noter ces idées. Une fois chez vous, passez de l'idée dans un endroit

central, tel qu'un bloc-notes de la bobine et les examiner de temps à autre. Tel que noté par Oliver Wendell Holmes : "l'esprit de l'homme, une fois étiré par une idée nouvelle, n'a jamais retrouve ses dimensions d'origine."

7. Mis de côté chaque dimanche après-midi pour vous et être sévèrement puni avec cette habitude. Utiliser ce temps pour planifier votre semaine, visualiser vos réunions et ce que vous voulez réaliser, à la lecture de nouveaux matériaux et l'inspiration des livres, écouter de la musique apaisante et douce tout simplement se détendre. Cette habitude servira de point d'ancrage pour vous garder concentré, motivé et efficace au cours de la semaine prochaine.

8. Toujours se rappeler le principe fondamental que la qualité de votre vie est la qualité de leur communication. Cela signifie que la façon de communiquer avec les autres

et, ce qui est plus important, la façon de communiquer avec vous. Ce que vous pouvez vous concentrer sur ce que vous obtenez. Si vous regardez le côté positif c'est ce que vous obtenez. C'est une loi fondamentale de la nature.

9. En choisissant l'objet, pas de résultats. En d'autres termes, faire la tâche parce que c'est ce que vous aimez faire ou parce qu'il va aider quelqu'un ou est un exercice utile. Ne le faites pas pour l'argent ou de reconnaissance. Ces viendra naturellement. C'est la voie du monde.

10. Rire pendant cinq minutes dans le miroir chaque matin. Steve Martin. Le rire active de nombreuses substances bénéfiques dans l'organisme qui nous a mis dans un état très gaie. Le rire renvoie également l'organisme à un état d'équilibre. Le rire a été régulièrement utilisés pour guérir les personnes atteintes de différentes maladies et est un merveilleux

tonique pour les maux de la vie. Alors que la moyenne de 4 ans de rire 500 fois par jour, l'adulte moyen a la chance de rire 15 fois par jour. Revitaliser l'habitude de rire, sera beaucoup plus de vie dans votre vie.

11. Allumer une bougie à côté de vous quand vous lisez dans la nuit. Il est très relaxant et crée une merveilleuse et relaxante. Faites de votre maison une oasis dans l'agitation du monde extérieur. La remplir avec de la bonne musique, grands livres et grands amis.

12. Pour améliorer votre concentration et pouvoirs de focus, compter vos pas lors de la marche. Il s'agit d'une technique particulièrement fort. Prendre six étapes tout en prenant une longue inspiration, retenez votre respiration pendant encore six étapes, puis expirez par six étapes. Si les six étapes sont trop longs pour les respirations, faire ce que vous vous sentez confortable avec. Vous vous sentirez très alerte, rafraîchi,

à l'intérieur calme et concentré sur cet exercice. De nombreuses personnes permettent à leurs esprits sont remplis avec le bavardage mental. Tous les artistes apprécient la puissance d'un quartier calme, l'esprit clair de se concentrer constamment sur toutes les tâches importantes.

13. Apprendre à méditer efficacement. L'esprit est naturellement une machine très bruyant que vous voulez passer d'un thème à un autre comme un singe sans chaînes. On doit apprendre à limiter et à la discipline que si l'on va arriver à quelque chose de substance et d'être calme. La méditation pendant 20 minutes le matin et 20 minutes le soir, vous pourrez sûrement vous donner des résultats exceptionnels si pratiqué régulièrement pendant six mois. Il a appris les sages de l'Orient ont fait progresser les nombreux

avantages de la méditation pendant plus de 5000 ans.

14. Apprendre à être toujours. La personne moyenne ne sait pas dépenser encore 30 minutes par mois dans un silence total et la tranquillité. Développer la capacité de s'asseoir tranquillement, appréciant le puissant silence pendant au moins 10 minutes par jour. Il suffit de penser à ce qui est important pour vous dans votre vie. Réfléchir à votre mission. En fait, le silence est d'or. Comme il l'a dit une fois que le maître Zen, est l'espace entre les barres qui tiendra la cage.

15. Améliorer votre force de volonté, c'est probablement l'un des meilleurs programmes de formation peuvent investir. Voici quelques idées pour renforcer votre volonté et devenir une personne plus forte :

A. Ne laissez pas votre esprit flotter comme un morceau de papier dans le vent. Travailler

dur pour vous garder concentré à tout moment. Lorsque vous effectuez une tâche, penser à autre chose. Quand au travail à pied, compter le nombre de pas que vous avez besoin pour obtenir tout le chemin à l'office. Ce n'est pas facile, mais votre esprit va bientôt comprendre que vous gardez votre tête et non pas vice versa. Votre esprit doit devenir aussi immobile que la flamme d'une bougie dans un coin où il n'y a pas de projet.

B. Sa volonté est comme un muscle. Vous devez d'abord l'exercer, puis le pousser avant qu'il devient plus fort. Cela implique nécessairement la douleur à court terme, mais vous pouvez être sûr que les améliorations viendront et touchera votre personnage d'une façon plus positive. Lorsque vous avez faim, attendez une heure avant le repas. Lorsque vous travaillez dans une tâche difficile et votre esprit est à demander à la personne de payer la dernière revue pour se reposer ou de se

lever et d'aller parler à un(e) ami(e), ralentir le rythme. Bientôt vous serez en mesure de s'asseoir pendant des heures précisément dans un concentré. Sir Isaac Newton, un des grands classiques du monde physique a produit, a dit : "Si j'ai fait le public d'un service, est dû au fait que la pensée du patient." Newton avait une capacité remarquable de s'asseoir tranquillement et penser sans interruption pendant de très longues périodes de temps. S'il peut développer ce que vous pouvez aussi le faire.

C. Vous pouvez également construire votre volonté par la modération de leur comportement avec les autres. Parler moins (utiliser la règle de 60/40 = 60 % du temps et parler d'une simple 40 %, si cela). Cela permettra non seulement de rendre plus populaire, mais vous apprendrez beaucoup de sagesse que nous tous réunis, tous les jours ont quelque chose à nous enseigner. De

plus, limiter l'envie de commérages et de condamner quelqu'un avec qui vous vous sentez une erreur a été commise. Arrêter
Se plaindre et développer une chatoyante, vital et sa forte personnalité. Vous aurez une grande influence sur d'autres.
D. Quand une pensée négative vous vient à l'esprit, immédiatement le remplacer par un qui est positif. Toujours positif domine le négatif et votre esprit doit être conditionnés à penser que les meilleures pensées. La pensée négative conditionné est un processus par lequel les motifs ont été mis de plus en plus. Se libérer des limitations et devenir un puissant penseur positif. 16. Faire un effort pour être drôle tout au long de la journée. Non seulement c'est bénéfique d'un point de vue physique mais qui dilue la tension dans des circonstances difficiles et crée une excellente ambiance où que vous soyez. Il a été récemment rapporté que les membres de

l' Tauripan tribu d'Amérique du Sud ont un rituel où je me réveille au milieu de la nuit à nous raconter des blagues. Même les Allemands dans la plus profonde rêve éveillé pour profiter du rire et puis revenir à leur état de léthargie en quelques secondes.

17. Devenir un administrateur de temps très disciplinée. Il y a environ 168 heures dans une semaine. Ce sera sûrement laisser suffisamment de temps à la réalisation de nombre des objectifs que nous voulons atteindre. Soyez impitoyable avec le temps. Mettre de côté quelques minutes chaque matin pour planifier votre journée. Planifier vos priorités et se concentrer non seulement sur les tâches qui sont immédiats mais pas important (c.-à-d., de nombreux appels téléphoniques) mais surtout ceux qui sont importantes mais pas urgentes, pour qu'elles permettent le plus grand développement personnel et professionnel. Important mais

pas immédiate sont celles qui produisent des avantages durables à long terme et incluent l'exercice, la planification stratégique, le développement des relations et de l'éducation professionnelle. Ne jamais laisser les choses qui comptent le plus pour être placé sur le siège arrière, en comparaison avec ceux qui comptent le moins.

18. Associer uniquement avec des résultats positifs, les personnes qui peuvent apprendre et qui ne seront pas vider votre énergie précieuse avec les attitudes de se plaindre et ennuyeux. En développant des relations avec ceux qui sont engagés à l'amélioration continue et de la recherche du meilleur que la vie a à offrir, vous aurez beaucoup de compagnie sur votre chemin vers le haut de la montagne qui cherchent à monter.

19. Stephen Hawking, l'un des grands physiciens du monde moderne, il semble que nous sommes dans une petite planète d'une

étoile très moyen situé à l'intérieur de la limite extérieure de l'une des centaines de milliards de galaxies. Leurs problèmes sont très importantes à la lumière de cela ? J'ai marché cette terre pendant une courte période. Pourquoi pas consacré d'avoir seulement une expérience merveilleuse. Pourquoi ne pas se consacrer à laisser un héritage puissant au monde ? Maintenant s'asseoir et écrire une liste de tout ce que vous avez dans votre vie. Commencer d'abord avec votre santé ou la santé de votre famille, les choses que nous tenons souvent pour acquis. Mettre le pays dans lequel nous vivons et la nourriture que nous mangeons. N'arrêtez pas jusqu'à ce que vous avez écrit 59 articles. Une fois tous les quelques jours, passer par cette liste peut être levée et de reconnaître la richesse de son existence.

20. Vous devez avoir un énoncé de mission dans la vie. Ce n'est tout simplement un

ensemble de principes directeurs clairement où vous allez et où vous voulez être à la fin de sa vie. Un énoncé de mission incarne les valeurs. Le personnel est son phare vous tient informé en permanence au cours de leurs rêves ? Sur une période d'un mois, de quelques heures de côté pour marquer cinq ou dix principes qui régissent sa vie et qui vous a porté en tout temps. Les exemples pourraient être compatibles pour servir les autres, d'être considéré comme un citoyen, d'être très riche ou de servir comme un puissant leader. Quelle que soit l'énoncé de mission de sa vie, l'affiner et de la revoir régulièrement. Puis, quand il se passe quelque chose ou quelqu'un essaie de sortir bien sûr, rapidité et précision retour à votre chemin choisi avec la pleine connaissance que va dans la direction que vous avez sélectionné.

21. Personne ne peut insulter ou vous blesser sans votre permission. L'une des clefs d'or de bonheur et beaucoup de succès est la façon d'interpréter les événements qui se déroulent devant vous. Les personnes réussies sont des maîtres d'interprètes. Les personnes qui ont atteint la grandeur a une capacité qu'ils ont développé pour interpréter les événements négatifs comme positifs ou négatifs
Défis pour les aider à croître et à se déplacer encore plus loin vers le haut de l'échelle de la réussite. Il n' y a pas d'expériences négatives seules expériences qui aident à son développement et renforcer son caractère de sorte que vous pouvez atteindre de nouveaux sommets. Il n'y a pas de fautes, seulement des leçons.

22. Prendre un cours de lecture rapide. La lecture est un puissant moyen d'obtenir de nombreuses années d'expérience d'un couple d'heures d'étude. Par exemple, la plupart des

biographies reflètent les stratégies et les philosophies des grands leaders ou des individus courageux. Les lire et les modéliser. La lecture rapide vous permettra de digérer de grandes quantités de matériel dans de petites périodes de temps.

23. N'oubliez pas que les noms des personnes et traiter ainsi à tous les coins du monde. Cette habitude, avec enthousiasme, c'est un des grands secrets de la réussite. Tout le monde dans ce monde prend un bouton imaginaire qui crie

"Je veux me sentir important et apprécié !".

24. Être doux comme une fleur quand il s'agit de la bonté est aussi fort que le tonnerre quand il s'agit de la principe. Être courtois et poli en tout temps mais ne jamais être enfoncé. Assurez-vous que vous sont toujours traités avec respect.

25. Ne jamais discuter de votre santé, richesse, et d'autres questions personnelles avec quiconque en dehors de sa famille immédiate. Être très discipliné dans ce domaine.

26. Pour être honnête, patient et persévérant, modeste et généreux.

27. Faire tremper dans un bain chaud à la fin d'une longue journée productive. Offrez-vous la plus petite de l'accomplissement. Prendre un certain temps pour le renouvellement de votre esprit, corps et esprit. Bientôt tous vos principaux objectifs seront atteints et va au prochain niveau de performance.

28. Découvrez la puissance du souffle et de sa relation avec sa source d'énergie. L'esprit est étroitement liée à votre respiration. Par exemple, lorsque l'esprit est agité, votre respiration devient rapide et peu profonde. Lorsque vous êtes détendu et concentré, sa respiration est profonde et calme. Pour

pratiquer la respiration abdominale profonde, vous allez développer un calme serein, conduite qui restera froid dans les meilleures circonstances. Se rappeler la règle de la Cordillère orientale des hommes : "bien respirer est bien vivant."

29. Reconnaître et cultiver le pouvoir de l'autosuggestion. Il fonctionne et est un outil essentiel pour maintenir une performance maximale. Nous sommes tous les interprètes d'une façon ou d'une autre, et est particulièrement utile d'utiliser ces techniques d'athlètes et personnalités de notre propre amélioration. Si vous voulez être plus enthousiaste, répétez "Je suis plus enthousiaste et aujourd'hui, je m'améliore tous les jours cette fonction". Pour répéter encore et encore. Acheter un bloc-notes juridiques et écrire ce mantra 500 fois. Le faire pendant trois semaines avec une pratique régulière et estiment que cette qualité est en

développement. Très bientôt. C'est une stratégie que les sages indiens ont été utilisés pour des milliers d'années pour aider votre mental et spirituel. Ne vous découragez pas si les résultats ne sont pas immédiats, qui va certainement se développer. Le mot est une puissante influence de l'esprit.

30. Tenez un journal pour mesurer leurs progrès, et d'exprimer leurs pensées. Écrire non seulement leur succès, mais le problème, c'est l'une des méthodes les plus efficaces du monde en effaçant l'habitude de s'inquiéter, en restant dans un état optimal et le développement de la précision de la pensée.

31. Le stress est simplement une réponse que vous croyez en l'interprétation d'un événement. Deux personnes peuvent trouver qu'un événement donné des résultats très différents des réponses. Par exemple, dans un discours après le dîner il pourrait heurter la peur dans le coeur d'un orateur d'expérience

alors qu'un orateur fort la considère comme une excellente occasion de partager ses pensées. Comprendre que les effets négatifs d'un événement ou d'une tâche peut être mentalement manipulé et conditionné vers le positif, vous permettra d'être une meilleure performance dans tous les cas.

32. Lire "Les sept habitudes des gens efficaces" Stephen Covey. Contient une mine de sagesse et de puissantes idées sur le développement de leur personnalité et d'améliorer vos relations personnelles.

33. Devenir un utilisateur de bande. La plupart des programmes d'personalmastery et livres sont maintenant disponibles dans ce format. L'écoute de ces matériaux d'inspiration sur le chemin du travail, alors que dans la file d'attente d'une banque ou lorsque vous lavez la vaisselle dans la soirée. Faire votre voiture une école sur les roues et utiliser l'unité de temps de faire la connaissance de son

meilleur ami. En bas tout le temps peut être très efficace dans ce mode de production. Profitez de ces occasions d'apprendre et d'approfondir continuellement votre esprit et son énorme potentiel.

34. Essayez le jeûne un jour toutes les deux semaines. Pendant ces jours de jeûne, de boire du jus de fruits et manger des fruits. Vous vous sentirez plus énergique, nettoyés, et alerte. Le jeûne a également un effet bénéfique sur votre volonté de puissance que vous subvertir le contraire urgente des impulsions dans votre compte pour manger plus.

35. Gardez un radio-cassettes dans votre bureau et d'écouter de la musique douce et apaisante tout au long de la journée. Endroit agréable et des arômes évoquant des images dans leur lieu de travail. Par la magie de l'association, son travail va devenir quelque chose que vous appréciez encore plus et

d'éveiller une sensation très agréable à l'intérieur de vous. Planifiez votre voyage dans le temps de sorte que vous pouvez passer une demi-heure dans la bibliothèque de l'aéroport. Contiennent toujours les derniers et les meilleurs livres et cassettes la maîtrise de soi puisque ceux qui voyagent par l'air sont un groupe qui trouve la valeur dans ces matériaux.

36. Lire "comme un homme pense" de James Allen. Et pas seulement de lire ce petit livre une fois, lire encore et encore. Contient une abondance de sagesse éternelle pour vivre une vie plus pleine et plus heureux.

37. N'oubliez pas que le pardon est une vertu que peu de se développer, mais ce qui est plus important pour le maintien de la paix de l'esprit. Mark Twain a écrit que le pardon est le parfum la violette jette sur le talon qui l'a écrasé. Pratique le pardon en particulier dans les situations où il est apparemment difficile.

Grâce à son pardon muscles émotionnels plus régulièrement, maître des griefs, commentaires et dédain pas vous toucher et rien ne peut pénétrer votre mentalité, Serena, concentré.

38. Sa tasse vide. Une pleine tasse ne peut accepter rien de plus. De la même manière, une personne qui croit que l'on ne peut pas apprendre quelque chose de plus va stagner et ne pas passer rapidement à des niveaux supérieurs. Un vrai signe d'une personne mature, la sécurité est quelqu'un qui voit chaque opportunité comme une chance d'apprendre. Même les enseignants des enseignants.

39. Les deux minutes de l'esprit est un excellent exercice pour le développement de la concentration. Uniquement à la deuxième main sur votre montre pendant deux minutes et penser à autre chose pendant le à heure. Dans un premier moment votre esprit

vagabonde, mais après 21 jours de pratique, leur attention ne va pas faiblir au cours de la routine. L'une des grandes qualités d'une personne peut développer pour assurer votre succès est la capacité de se concentrer pendant de longues périodes. Apprendre à construire vos muscles de concentration et les tâches ne sera pas trop difficile pour vous.

40. Boire une tasse d'eau chaude avant un discours. Ronald Reagan a utilisé cette stratégie pour s'assurer qu'elle a maintenu son miel-une voix. Maîtrise de l'art de parler en public est un noble objectif. Si dévouée pour elle. Vous serez jugé par la qualité de leurs compétences en communication.

41. Lorsque l'article et connaître quelqu'un, ferme et inébranlable. Un signe indicateur d'un faible d'esprit n'est pas mise au point, est constamment agité, passant des yeux, et la respiration superficielle.

42. Travaillez dur et vous sera difficile. Avoir du courage et à inspirer les autres avec leurs actions. Mais il doit toujours être envisagée.

43. Ce monde ne demande pas ce que vous pouvez faire pour vous mais ce que vous pouvez faire pour ce monde. Faire du service un objectif important dans votre vie. C'est un investissement de temps une plus grande satisfaction. N'oubliez pas que, au crépuscule de sa vie, quand tout est dit et fait, la qualité de votre vie est réduite à la qualité de leur contribution aux autres. Laisser un riche héritage pour ceux qui l'entourent au goût.

44. Une fois par semaine, se posent à l'aube. C'est un moment magique de la journée. Encore, d'aller marcher ou simplement l'écoute d'un vieux Ella Fitzgerald l'enregistrement. Prendre une longue douche chaude, et faire 100 pompes. Lire l'un des classiques. Vous vous sentirez revigoré et en vie.

45. Être un peu distant. Ne pas laisser tout le monde savoir tout sur vous. Cultiver un mystique.

46. Maîtriser l'art de parler en public. Il y a peu de locuteurs naturels. Un grand avocat balbutiant mais terriblement par le courage et la force de conviction, est devenu un brillant orateur. N'importe quel modèle que vous pensez que c'est un moyen très efficace et influente communicator. Afficher une photo de cette personne. Se présenter comme le sourire comme lui, et parler comme lui. Les résultats sont nerveux.

47. Recherche de conférenciers motivateurs engagé à la formation permanente et de succès. Faire un point d'assister à des conférences inspirant chaque mois pour renouveler constamment l'importance de la croissance personnelle dans votre esprit. Dans un séminaire de deux heures, vous pouvez apprendre des techniques puissantes

et des stratégies que d'autres ont passé de nombreuses années d'apprentissage et perfectionnement. Jamais l'impression que vous n'avez pas le temps de recueillir de nouvelles idées, investissent en elle.

48. Lire le merveilleux livre "La découverte du bonheur" par Dennis Wholey. Il n'y a aucun doute qui ouvre de nouveaux horizons pour vous dans votre recherche d'un état optimal de santé et de bonheur.

49. Pour améliorer votre concentration, lire un passage dans un livre qui n'aura jamais explorées. Puis essayez de réciter au pied de la lettre. Cette pratique pour seulement 5 minutes par jour et d'apprécier les résultats qui suivent après quelques mois d'efforts.

50. Essayez d'entrer un 5 km de course la course et après un événement de 10 km. L'adrénaline qui jaillit de l'expérience de la gestion de plusieurs centaines d'autres personnes d'esprit de remise en forme est

stimulant. En repoussant sans cesse les limites de sa capacité, son potentiel sera déployée rapidement. N'oubliez pas, le corps ne fera que vous donner ce que vous demandez.

51. Les parfums ont été montré pour être un moyen efficace d' entrer dans un état de détente. Les parfums ont un effet notable sur votre esprit et vos émotions. Acquérir l'huiles essentielles d'orange et de girofle bud de votre service de santé local food. Déposez quelques gouttes d'huile dans une tasse d'eau bouillante et la douce odeur de l'inhalation de la vapeur pendant quelques minutes. Puis laissez le mélange s'asseoir dans la salle où vous êtes au repos. Vous aurez un sentiment de paix et de sérénité. Un peu de piment d'Apple dans l'air a récemment été montré pour induire un sommeil plus reposant.

52. Cultiver l'art de marcher une demi-heure après qu'il avait fini de manger son dîner.

Balade dans les milieux naturels sont les meilleurs. La marche est, peut-être, la nature de l'exercice idéal. Et quand vous marchez, ne pense pas à l'œuvre ou sur le projet de loi ou sur les défis qu'il permettra de neutraliser un grand nombre d'avantages. Juste profiter de la promenade. Regardez la richesse de leur environnement. Laissez vos sens verre dans la beauté de la nature et de la netteté de l'air pour un changement. De nombreuses personnes qui ont maîtrisé l'art de plus en plus les jeunes ont également dominé l'habitude d'une promenade quotidienne.

53. Démarrer un programme de levée de poids dans la salle de sport. Les personnes fortes sont mentalement forts. Comme une personne vieillit, vous n'avez pas besoin de perdre leur intégrité physique, ni sa force mentale. Les hommes de 75 ans sont des marathons, 80 ans les femmes ont grimpé les montagnes et 90 ans grands-parents riches

vivre des vies productives. Si vous êtes 19 ou 93, rester en forme, rester motivé et rester passionnée de la vie.

54. Ne jamais discuter avec la personne qui va travailler pour vous perdrez plus de l'argument.

55. En termes de tenue de ville, costumes sombres (bleu et gris) reflètent la puissance, raffinement, et l'autorité. Avez-vous déjà vu un premier ministre ou président dans un brown ?

56. Envoyer régulièrement des notes manuscrites à vos clients professionnels et leurs relations avec d'autres pour renforcer le lien. Développer un système qui vous rappelle d'envoyer quelque chose de précieux dans ce réseau au moins une fois tous les quatre mois. Envoyer des cartes postales lorsque vous êtes en vacances. Si vous avez d'acheter quelques centaines de cartes postales et de prendre une heure de votre

temps pour écrire, ne vous inquiétez pas. C'est un très bon investissement de votre temps. Une autre idée est d'envoyer un article récent d'intérêt à vos contacts avec une note manuscrite en disant qu'ils ont pensé que cela pourrait être d'intérêt, ainsi que le maintien de la valeur de leur amitié. La construction de liens doit toujours être une approche centrale si vous êtes un chef, un étudiant, un vendeur ou un parent.

57. Deux des éléments clés pour une vie heureuse et joyeuse vie sont l'équilibre et la modération. Il faut maintenir un équilibre de l'ensemble des activités et ne rien faire à l'extrême.

58. Verre de thé au jasmin, qui peut être obtenu à n'importe quel magasin d'herbes chinoises. Il est excellent pour votre santé globale et est très relaxant. Essayez aussi de placer quelques tranches de gingembre frais dans une tasse d'eau chaude pour le thé

excellent vous allez restaurer la vitalité et rester en pleine forme physique.

59. N'oubliez pas que la gestion efficace du temps vous rend plus souple. Cela vous permet de faire les choses que vous voulez vraiment faire, au lieu de choses que vous devez vraiment faire.

60. Ne prenez pas le développement personnel livres comme évangile. Les lire et prendre les idées utiles dont vous avez besoin. Certaines personnes estiment qu'ils devraient faire tout ce qui est suggéré et adopter les techniques pour les extrémités. Chaque livre a au moins un outil ou une stratégie de profit. Prenez ce que vous avez besoin et ce qui fonctionne pour vous et jeter ce qui n'est pas commode.

61. Devenir un aventurier. Revitaliser l'esprit et le sentiment de joie. Devenir un enfant de nouveau. Une fois tous les quelques mois pour profiter d'un nouveau plan d'activités

passionnantes, comme le rafting, plongée, planche à voile, escalade, rejoindre un club d'arts martiaux, voile, pêche en haute mer ou camping. Cela vous permettra de garder votre vie en perspective, de vous rapprocher de ceux qui partagent l'activité et de la garder avec vous vous sentez revigoré et jeune.

62. Passer du temps avec la nature. Les milieux naturels ont un effet puissant sur vos sens, ce qui à son tour va donner lieu à un sentiment de renouveau, et de tranquillité. Interprètes de crête à travers les âges ont compris l'importance de retour à la nature. Accueil Camping ou simplement des promenades tranquilles dans la forêt. Se détendre par un vin mousseux. Cultiver Votre Propre jardin qui sera votre oasis au milieu d'une grande ville. Pour cultiver une amitié avec la nature, vous allez rapidement trouver plus de sérénité, de la joie et de la richesse dans votre vie.

63. N'oubliez pas l'adage "menssana dans corporesano", ce qui signifie que dans un corps solide repose un esprit sain. Ne jamais négliger le corps qui est intimement lié à l'esprit. C'est son temple. Mieux nourrir les fossiles, l'exercice quotidien et prendre soin d'elle comme si c'était son précieux, parce qu'il n'est pas.

64. D'être si fort que rien n'interfère avec la paix de votre esprit. Un célèbre boxeur était une fois malheureux. Quand on lui a demandé pourquoi, il a dit qu'il était permis de penser une pensée négative. Freiner vos désirs et rester centré et concentré est plus facile avec la pratique. Vous ne pouvez vraiment pas se permettre le luxe de même une pensée négative.

65. Ne pas manger trois heures avant le coucher. Cela permet une digestion plus lisse et un sommeil réparateur. Pour plus de profondeur, de renouveler le rêve, n'oubliez

pas qu'une dose quotidienne d'exercice favorise le bon sommeil comme une période de relaxation, une heure avant le coucher. Aussi ne prenez pas de travailler au lit avec vous, ou pensez à quelque chose qui pourrait bouleverser. L'aise pour dormir comme un bébé été chanté un doux, apaisant

Nana. Et enfin, tels que Leonardo da Vinci a dit : "Un jour, wellspent heureux apporte dream".

66. Faire attention à sa réputation. Si c'est bon vous amène à la plus haute altitude. Mais une fois pie, il sera difficile à récupérer. Toujours tenir compte dans votre plan d'action. Jamais rien qui ne serait pas fier de dire à votre mère. Avoir du plaisir comme toujours mais en colère avec le bon sens et la prudence.

67. Chercher des mentors de modèle qui va vous guider dans votre progression. Les erreurs du monde, ont été faites avant

pourquoi ne devrait pas vous avez l'avantage de l'expérience des autres ? Trouver quelqu'un qui a à la fois la valeur et la considération pour les autres, quelqu'un qui est, par conséquent, à maturité. Votre mentor devrait seulement avoir vos meilleurs intérêts à l'esprit et doit être suffisamment élevé pour assurer une bonne orientation sur les sujets que vous demandez de l'aide. Tout le monde a besoin de se sentir apprécié et même les cadres supérieurs sont plus de temps pour aider une personne qui respecte et valorise vos conseils.

68. Faites une liste de toutes vos faiblesses. Une personne vraiment en sécurité et illustré une faiblesse et chercher à améliorer de façon méthodique. Gardez à l'esprit que même les plus grands et les plus puissants ont des faiblesses. Certains sont meilleurs que d'autres dans la clandestinité. D'autre part,

apprendre à connaître vos meilleures qualités et les cultiver.

69. Nous ne s'est jamais plaint. Être connu comme un fait positif, fort, énergique et enthousiaste. Quelqu'un qui se plaint, est cynique et toujours à la recherche de l'effet négatif du tout, va faire peur aux gens et rarement va réussir à quoi que ce soit. D'un point de vue purement psychologique, les choses sont toujours créés deux fois : une fois dans l'esprit et puis dans la réalité. L'accent sur le positif. Être si forte mentalement que rien ne suit son cours prévu pour le succès. Voir et croire fermement à ce que vous voulez. La plupart des certainement venir vrai.

70. Compte tenu des faiblesses de vos amis. Si vous êtes à la recherche des défauts que vous trouverez certainement eux. Assez de maturité pour ne pas tenir compte de ces petites imperfections des autres et voir le bien

que chacun possède en soi. Nous pouvons apprendre de tout le monde. Nous avons tous une histoire à raconter, une blague à partager et une leçon à apprendre. Ouvrez votre esprit à ce sujet et vous découvrirez une quantité énorme. Les amis sont très importants pour une existence heureuse, surtout à ceux qui ont partagé de nombreuses expériences et rire avec vous. Ils travaillent dur pour faire des amis, et toutes leurs relations pour cette question, plus forte et plus riche. Appelez vos amis, acheter de petits cadeaux de livres ou autres objets qu'ils croient qu'ils peuvent apprécier. La "loi de la ferme" s'applique aux relations, ainsi que dans le reste de la vie moissonne ce qu'il sème et d'avoir de grands amis, vous devez d'abord être un.

71. Être accueillant, attentif et courtois. Mais aussi d'être intelligents et de savoir quand il faut être fort et courageux. C'est la marque d'un caractère bien défini et qui est sûr

d'inspirer le respect. Il est très utile de lire des livres sur l'amitié et renforcer les relations en étant un bon auditeur, d'autres sont sincères remerciements et de raffinage et d'autres compétences interpersonnelles. Mais, pour parvenir à un réel succès, il faut également reconnaître que la sagesse de ce monde et la ruse sont les compétences essentielles pour promouvoir. Devenez un expert de la psychologie humaine, et d'être en mesure de lire l'essence même d'une personne. Ne jamais être pris avantage de et être au courant de la politique qui l'entoure. Rester au-dessus de la politique et des commérages mais heureux qu'il y a, en fait, et de savoir ce qui se passe derrière son dos. Chaque grand chef n.

72. Créer votre image comme un homme très compétent, fort, calme et discipliné, personne décent. Trouver cet équilibre entre le travail de l'image que vous projetez pour le reste du

monde et son caractère interne. Créer un sentiment de mystère à propos de lui-même en tant que véritable sage de ne pas montrer sa main. Pas de dire à tout le monde tout sur vous-même, leurs stratégies et leurs aspirations. Le succès des citoyens de ce monde pense que trois fois avant qu'ils parlent, parce qu'une parole ne peut jamais être récupéré. Pour rendre les choses semble facile et les gens vont dire qu'ils sont naturellement doués. Parler seulement de bonnes choses et les gens se rassemblent pour vous. Ne jamais dire du mal des autres et tout le monde sait qu'il n'est pas diffamer d'eux derrière leur dos. Créer votre personnage et vivre une vie très cohérente.

73. La familiarité engendre le mépris est un très bon état. Les étoiles restent bien au-dessus de la terre. Vous devez conserver une distance de tout, mais leurs relations très étroites. Une fois que les gens voient tout d'un

leader perd son aura et avec elle l'autorité et la mystique que vous avez créé. Par exemple, Ronald Reagan était connu par beaucoup comme un excellent leader. Le cultivé avec soin son image comme un populiste, politique considère que maintenir l'intérêt des États-Unis d'abord et avant tout dans son esprit. Dans les réunions de dirigeants du monde entier, l'attention et le respect dans leurs costumes sombres, entouré par les pièges du pouvoir politique comme adjoints, agents de sécurité et d'un convoi de limousines. Dès qu'il a comparu, les pensées de l'autorité et du pouvoir est venu à notre esprit. Avez-vous jamais vu le président avec sa chemise nager dans votre piscine ? Comme dans sa blouse après le réveil après qu'un de ses longs cheveux, de sommeil, de la faiblesse et cultivé une barbe ? Les pilotes de Reagan n'a jamais permis ces regards parce qu'ils nuisent à la perception de l'autorité. La nation américaine

n'a pas été exposé à ces lieux d'intérêt. Dans l'ère Clinton changer les choses et vu le président manger Big Mac et de porter des casquettes de baseball avec un costume d'affaires. Bien que ces scènes peuvent être très attachant au public, il ne fait aucun doute que le président Clinton était plus familier à nous, qu'un autre l'un d'entre nous, et contrairement à l'étoile ci-dessus, beaucoup plus proche de la terre.

74. Apprendre à organiser leur temps. Il est inexact de dire que d'être un gestionnaire méticuleuse de temps et vivent par un programme soigneusement définis qui deviennent rigides et non spontanée. Plutôt, permet à une organisation d'atteindre ces objectifs qui sont vraiment importantes, ainsi que profiter du temps de loisir. Une bonne gestion du temps donne plus de temps pour l'amusement et de détente non moins. Ces

périodes importantes sont prévues pendant la semaine ainsi que d'autres engagements qui peuvent sembler plus urgent. Ni sont abattus. En outre, la discipline vous-même et arrêter de perdre du temps à tous les besoins immédiats et urgents, mais il manque les tâches d'importance (c.-à-d., la sonnerie du téléphone) et l'accent sur les activités qui sont réellement utiles pour votre vie est mission. De telles activités comprennent le temps de la réflexion, le temps l'auto-renouvellement et établir des relations de confiance et de respect mutuel, le temps pour la physique, le temps de lire et réfléchir profondément et à servir les autres dans leur communauté.

75. Garder bien informés sur l'actualité, les nouveautés et tendances populaires. De nombreux artistes peak lire cinq ou six documents de la journée. Vous n'avez pas à lire chaque histoire de chaque document. Savoir ce qu'il faut se concentrer, ce qui va se

passer et que pour le fraisage et lire plus tard (beaucoup de personnes réussies scan des dizaines de magazines et journaux, clipping articles d'intérêt ; ces articles sont dans un dossier de fichiers qui peuvent être lus dans votre temps libre). La connaissance est puissance. Si vous êtes un entrepreneur, un chef d'entreprise ou de quelqu'un pour conduire une famille, peut profondément changer votre vie et les vies de ceux autour de vous, avec une seule idée. Demander à Gates, Edison et Bell.

76. Lorsque vous choisissez votre partenaire de vie, rappelez-vous que c'est la décision la plus importante de votre vie. La relation du mariage offre le 90 % de son plein appui, bonheur et plénitude à choisir judicieusement. Tenir compte des qualités telles que l'affection, le sens de l'humour, l'intelligence, l'intégrité, la maturité, le tempérament, la compatibilité, et qu'indescriptible

caractéristique de la chimie. Si vous êtes présent, leur relation est une excellente occasion de grand succès. Se déplacer lentement et laissez personne vous placer dans une décision.

77. Ne jamais discuter de vos activités de développement personnel avec qui que ce soit. Leurs stratégies pour élargir votre esprit et l'esprit sont votre propre. D'autres peuvent ne pas comprendre la valeur d' personalmastery et, en plus, faire de votre carte de crédit avec vous lorsque vous rencontrez avec succès en disant que c'était basé sur les techniques. Gardez ces activités d'auto-développement lui-même. 78. Le temps de relaxation du programme dans votre semaine et s'employer sans relâche à sa protection. Vous ne devez pas planifier une autre activité dans le temps alloué à une réunion importante avec le président de votre société ou votre meilleur client, pourquoi

devrais-je avoir à reporter d'une période d'investir dans vous-même ? Nous devons avoir le temps pour nous-mêmes à réfléchir, se détendre et recharger les batteries. Ce sont les activités qui nous permettent d'obtenir des performances optimales et sont exceptionnellement précieux points.

79. Les 83 % de nos informations sensorielles provient de nos yeux. De se concentrer sur quelque chose de vraiment, fermer votre
Les yeux et va enlever beaucoup de distraction.

80. Être le propriétaire de sa volonté, mais le serviteur de sa conscience.

81. Développer l'habitude d'une magnifique salle de bains tous les jours. Il fera la promotion de l'excellente santé, maintenir détendu et concentré, maigre et garniture. La natation n'est pas de stress pour l'organisme, fournit un excellent entraînement pour les poumons et nécessite peu de temps pour le

faire efficacement. N'oubliez pas que dans un fit est un bon esprit.

82. Les gens qui se portent bien aujourd'hui sont assurer votre bonheur pour demain.

83. La clé du succès de la gestion du temps est de faire ce qu'il avait l'intention de faire lorsque j'avais l'intention de le faire. Gardez votre esprit complètement sur la tâche à accomplir. Alors seulement, vous être en mesure d'atteindre tous vos objectifs et prendre le temps pour les choses qui comptent le plus pour vous. Bien qu'il est crucial d'être flexible (un arc très fortement tendu bientôt), conformément à l'annexe n'exige pas plus qu'une simple discipline.

84. Technique de visualisation excellente : Si vous êtes inquiet au sujet de quelque chose, l'image des paroles de sa préoccupation sur un morceau de papier. L'éclairage maintenant une correspondance avec le rôle et de voir les problèmes se dissipent en flammes. Bruce

Lee, le grand maître des arts martiaux utilisé cet appareil de contrôle de l'esprit sur une base régulière.

85. Compartimenter leurs préoccupations. Mettez de côté un certain temps pour réfléchir sur un problème et de définir un plan efficace d'attaque et de ses options. Une fois cela fait, ont la force mentale pour ne pas retourner à ce problème et le parcourir encore et encore. L'esprit humain est une créature étrange que les choses que nous voulons oublier continuent à revenir et nous voulons rappeler ces choses qui ne sont pas là quand nous voulons. Mais l'esprit est semblable à un muscle et plus souple que l'on sera plus fort. Faire de ton serviteur. Seulement le meilleur carburant de la nutrition et de l'information. Que bien vous servir et l'exécution de magie si nous y croyons.

86. Les artistes interprètes ou exécutants pic sont physiquement et mentalement détendu enclenché.

87. Battre leur pic de performance mentale, votre corps doit être lâche et détendue. Maintenant, il est incontestable que le lien corps-esprit existe et quand le corps est souple, exempte de tension, l'esprit est clair, calme et concentré. C'est pourquoi le Yoga est une activité bénéfique. Il garde le corps détendu de sorte que l'esprit peut suivre. Tronçon de base pendant 15 minutes par jour, c'est aussi un excellent moyen de relâcher la tension qui s'accumule à la suite de notre vie dans cette complexité et l'évolution rapide du monde, mais merveilleux. Essayez d'avoir un massage ou vous détendre dans un jacuzzi. Détendez votre corps et détendre votre esprit.

88. Préparer un plan financier détaillé pour les prochaines années et la suivre. Vous pouvez

chercher des conseils financiers si vous en avez besoin. Une stratégie efficace pour la domination financière est également simple : économisez 10 % de ce qu'ils font pour la croissance à long terme (prendre ce hors de la paie avant d'avoir l'occasion de dépenser). Si vous pouvez investir $200 par mois pour les 30 prochaines années à un taux de rendement annuel de 15 %, vous vous retrouverez avec 1,4 millions de dollars. Soyez intelligent avec votre argent est l'un des meilleurs investissements à faire. Sécurité financière conduit à la liberté personnelle.

89. Les lecteurs sont des leaders. Le président américain Bill Clinton en lire plus de 300 livres au cours de son bref séjour à l'Université d'Oxford. Certains des meilleurs interprètes de lire un livre par jour. Recherche de la connaissance et de l'information. En vérité, nous sommes entrés dans l'ère de l'information de masse et ceux qui sont

proactives peuvent l'utiliser à votre avantage. Plus vous en savez, moins de peur.

90. Prendre l'habitude de lire d'excellents quelque chose de positif et inspirant, avant d'aller au lit et dès qu'il se lève le matin. Vous allez bientôt les avantages que ces pensées s'appuyer tout au long de la journée.

91. Faire que l'un de ses objectifs, de développer une dynamique de la personnalité charismatique. Cette qualité est

Quelque chose de chacun de nous a le potentiel de se développer, mais peu le font. Le président Kennedy était un jeune maladifs, mais s'est élevé au-dessus de leurs problèmes physiques d'être le plus charismatique et figure politique passionnant dans l'histoire des États-Unis. Commencer petit. Prendre un cours Dale Carnegie dans la prise de parole en public. Aller à la bibliothèque où vous trouverez des livres sur l'art de la conversation et de toilettage.

Découvrez trois nettoyer et plein d'humour et prennent l'habitude de la socialisation. Vous aurez le plaisir et la construction d'un réseau d'amis et associés.

92. Sur le sujet de la conversation, un vieux proverbe chinois dit : "Une seule conversation de l'autre côté de la table avec un sage vaut la peine d'un mois d'étude de livres." à l'utilisation judicieuse et apprendre d'eux. Ils n'attendent que cette petite étincelle d'intérêt pour vous dire tout ce que vous devez savoir.

93. LaoTzu précieux trois qualités essentielles pour une personne de grandeur : "La première est l'humilité ; le second est la frugalité, et le troisième est l'humilité, qui m'empêche de moi-même avant les autres. Être doux et vous pouvez être bold ; être frugal et peut être libéral ; éviter de venir avant les autres et vous pouvez devenir un chef de file parmi les hommes".

94. "Quand vous ne pouvez pas rendre votre esprit Équilibre deux cours d'action devraient être prises pour choisir la plus audacieuse", a déclaré W. J. Slim. Il n'y a pas de substitut pour le courage, et même si les chances de se cogner les doigts augmente à mesure que vous marchez plus, et c'est toujours mieux de ne pas aller n'importe où à rester immobile. Tirer parti des possibilités, prendre des risques et s'entretiendra avec succès au-delà de vos rêves les plus fous.

95. Pour devenir le numéro un de votre conjoint, qui est toujours là pour soutenir et nourrir le rêve et l'espoir. Développer ensemble et avec confiance à travers le monde mars comme une armée de deux.

96. Pensez à trois personnes qui peuvent vous fournir l'inspiration, de motivation et de soutien pour leurs buts et aspirations. L'intention de rencontrer chacun d'entre eux au cours des prochaines semaines. Écouter

avec enthousiasme à eux et de les rencontrer. Élaborer une stratégie et de prendre ses sages conseils.

97. Chacune de vos jours un vrai chef-d'œuvre. N'oubliez pas le vieil adage : "Il n'est pas que vous pensez que vous devez revenir en arrière, mais ce que vous pensez que vous êtes."

98. Comme une précieuse énergie est gaspillée par passer votre temps sur des activités qui n'ont aucune valeur, l'énergie peut être gaspillé sur la pensée lâche. Imaginez que votre esprit a une énergie de 1000 watts à votre disposition. Chaque fois que votre esprit pour disperser le projet en main, une préoccupation, à toutes les choses à faire à la fin de la journée, les 100 watts est perdu. Très bientôt tous l'approvisionnement en énergie n'est plus là. C'est la nature de l'esprit. Pas de la discipline et de votre niveau d'énergie s'appauvrissent et ses réalisations

seront minimes. Contrôle et vous verrez de grandes choses. Vous vous sentirez de plus en plus puissants et réaliser des tâches difficiles avec facilité. Le philosophe du 19e siècle Henri Frederic Amiel résume très bien : "aux fins de l'action, rien n'est plus utile que l'étroitesse de pensée combinée avec l'énergie de volonté".

99. Il a été judicieusement dit que "celui qui sème une action, vous obtenez une habitude. Vous semez une habitude, vous obtenez un caractère. Vous semez un caractère, vous obtenez une destination." L'essence d'une personne est son caractère d'en faire la leur seulement, propre et solide. Ne dis pas qu'il ne fera rien, à moins que vous vraiment faire. Pour dire la vérité et d'en mesurer les mots à bon escient. Être humble, simple et tranquille.

100. Se souvenir de la prédominance de la loi de la nature : plus positifs que les négatifs.

101. Un esprit satisfait est un festin perpétuel. L'avidité et désirs matériels devraient être contenues à atteindre le bonheur et la sérénité. Être heureux avec ce que vous avez. Avez-vous vraiment besoin de tous ces biens matériels ? On peut développer la joie qu'on développe la patience, le courage et la concentration avec la pratique quotidienne et sincère désir.

102. Faire un nouvel ami ou une connaissance chaque jour. Garder à jour une liste de tous les contacts à votre portée. Les relations sont riches de l'ADN d'une riche vie enrichissante.

103. Se souvenir de cet ancien proverbe indien : "Si vous voulez conquérir votre esprit, conquérir le monde".

104. Une plus grande importance à rester heureux d'accumuler des biens matériels. Un enthousiasme pour la vie est élaboré et

soigneusement à travers des activités de réflexion et de persécutions.

105. Contrairement à l'opinion populaire, le stress n'est pas une mauvaise chose. Nous permet d'effectuer à des niveaux de pointe et peuvent nous aider à travers l'inondation de produits chimiques qui sont libérés dans l'organisme. Ce qui est nocif est beaucoup trop de stress, ou plus précisément, l'absence de soulagement du stress. Les moments de stress doit être bien équilibré avec des moments de détente et activités de loisirs pour nous d'être en santé et de notre mieux. Plusieurs des grands dirigeants de notre époque sont exposés à l'écrasement de l' œuvre des charges et des charges de hautes fonctions. Mais pas prospère d'élaborer des stratégies pour équilibrer les moments difficiles avec plaisir et moments de détente. Le président Kennedy aurait du pain ordinaire dans son bureau à la Maison

Blanche. Winston Churchill avait la même pratique et j'ai dormi pendant une heure chaque après-midi pour rester alerte, concentré et calme. Non seulement il est essentiel d'être physiquement détendu pour maintenir une santé optimale, mais il faut accompagner cette fonctionnalité avec la sérénité de l'esprit. Trop souvent les gens pensent que l'exercice vigoureux, une bonne nutrition, et des activités de loisirs bienfaisantes seront la panacée à tous les maux. Ces activités doivent être combinées avec une pensée positive et de la tranquillité de la le vrai bonheur et la longévité.

106. Obtenez dans l'habitude de prendre des vacances mentale tout au long de la journée. Visitez les Bermudes pendant cinq minutes le matin. Afficher une baignade dans la Méditerranée dans l'après-midi et les pistes de ski des Alpes, juste avant d'aller à la maison à la fin d'une journée bien remplie et

productive. Essayez ceci pour deux mois et le calendrier de ces périodes de repos dans votre agenda comme vous le feriez pour vos réunions ou des tâches essentielles. La récompense sera importante.

107. Un changement est aussi bon qu'un repos. Si ce changement est aussi important qu'un changement d'emploi ou d'aussi petit qu'un passe-temps qui occupe toute votre attention pendant une heure trois fois par semaine, ces changements dans la routine, et la mentalité sont tout à fait bénéfique. Dans la sélection de l'activité, essayez de trouver quelque chose de tout à fait charmant qui exige une profonde concentration afin que votre esprit est libre les plus simples, mais il semble que les aspects importants de votre journée. De nombreux cadres sont impliqués dans les arts martiaux pour juste cette raison. Si votre esprit est détourné, même pour une fraction de seconde, une dure leçon est vite

appris. La douleur est une excellente motivation et sera toujours.

108. L'étude de ces 10 principes fondamentaux du bonheur : i. Poursuivre une passionnante et productive, la vie active ii. participer à des activités significatives dans chaque minute de chaque jour iii. de développer un style de vie organisé, planifié avec peu de chaos. iv. Fixer des objectifs réalistes mais garder votre haute de marque c. penser positivement ne peut pas se permettre le luxe d'une pensée négative que j'ai vu. Éviter de s'inquiéter de questions insignifiantes, vii. Passer du temps dans l'amusement. viii. Développer une personnalité extravertie avec un amour sincère pour le peuple. ix. Obtenez dans l'habitude de donner plus de x. Apprendre à vivre dans le présent. Le passé est l'eau sous le pont de la vie.

109. Aspirer à être humble et vivre une vie simple.

110. Lire "Une histoire de la connaissance" par Charles Van Doren, qui retrace l'histoire des idées dans le monde. Dans ce livre est une véritable mine de connaissances. L'obtenir, le lire et en profiter.

111. Lire "L'Art du chef" de William A. Cohen. C'est inspirant et pratique.

112. Développer cette qualité insaisissable connu sous le nom de charisme. Voici les dix qualités d'un leader charismatique : s'engager à ce que l'on fait • l'air d'un gagnant et agir comme un • ont de grands rêves, une vision de l'avenir et atteindre le ciel • avance constamment dans le sens de leurs objectifs Préparer et travailler dur dans chaque tâche de créer une mystique autour de vous • s'intéresser à d'autres et montrer de la gentillesse • ont un fort sens de l'humour • connu par la force de votre caractère • ont

grace sous pression. (John F. Kennedy a déclaré que "le difficile halfstep entre cadres intermédiaires et d'un véritable leadership est grace sous pression").

113. Au travail, de l'amour et de la vie, joue fort et fair-play.

114. Pour ne pas mentionner lorsque vous écoutez. Interrompre est l'une des plus fréquentes. discourtesies Écouter agressivement avec toute la portée de leur attention. Vous serez surpris de tout ce que vous avez appris et comment votre avocat va bientôt être recherché par beaucoup.

115. "N'importe qui peut devenir la colère, qui est facile, mais pour être en colère avec la bonne personne, et au bon niveau et au bon moment et à la bonne fin, et sur la bonne voie qui n'est pas de la puissance de tous les coins du monde et n'est pas facile." - Aristote

116. La connaissance est puissance. Les personnes qui ont obtenu beaucoup de

succès ne sont pas nécessairement les plus qualifiés ou intelligents que d'autres. Ce qui les distingue est leur désir ardent et la soif de connaissances. Plus vous en savez, plus est atteint. Les grands leaders ont des techniques qui leur permettent d'atteindre le sommet de la montagne. Lisez les biographies des dirigeants du monde et d'apprendre leurs habitudes, leurs inspirations et philosophies. Cultiver l'importance pratique du rôle actif de la modélisation.

117. Toutes les réponses aux questions sont dans le processus de l'impression. Comment améliorer en tant qu'un orateur en public, la façon d'améliorer leurs relations avec les autres, comment devenir plus en forme ou développer une meilleure mémoire - tous les aspects du développement personnel sont traitées dans les livres. Par conséquent, afin d'atteindre son plein potentiel, doit lire tous les jours. Mais, en cette ère de l'information, doit

être sans cesse ce que vous consommez. L'accent sur les objectifs et lire uniquement les articles qui seront un atout pour vous. N'essayez pas de tout lire pour vous êtes occupé et ont d'autres tâches à accomplir. Choisir ce qui est important et jeter ce qui n'a pas de valeur. Commencer avec une base solide le journal chaque matin pour un excellent résumé des principaux événements de la journée. Assurez-vous également que vos lectures sont en grande partie fondées. Par exemple, vous pouvez lire l'histoire, l'entreprise, la philosophie orientale, des livres, etc. puis, aller à la bibliothèque et de développer l'habitude de faire des visites régulières. Lisez les classiques de Hemingway à Bram Stoker. Lire l'histoire, avec tous ses enseignements sur la vie et la biologie pour la lecture d'un nouveau point de vue. Regardez dans la section de "succès" dans la bibliothèque et vous serez surpris par

la littérature, vous trouverez : des histoires inspirantes de gens qui ont développé la grandeur face à l'adversité, les stratégies pour vous améliorer physiquement, mentalement et spirituellement et textes afin de tirer parti de la puissance illimitée de la réussite qu'aucun doute existe en nous. Buvez abondamment de ces livres. Entourez-vous avec eux et de les lire sur le bus constamment chaque jour ou avant d'aller au lit. Laissez-vous inspirer et vous motiver.

118. Prenez l'habitude de réunions de petit-déjeuner. L'un des premiers repas à base de contact avec un ami ou un associé d'affaires est un plus agréable pour commencer la journée et vous permet de conserver vos contacts dans le visage d'un planning serré.

119. Si vous vivez en appartement, assurez-vous toujours qu'il est très lumineux et dispose d'une piscine. Une piscine est particulièrement important car il va vous

permettre d'exercer n'importe comment occupé votre horaire. Il y a

Rien comme un bain de fraîcheur après une journée longue et productive. Vous vous sentirez excellent et dormir comme un bébé.

120. "L'excellence est un art gagné par la formation et l'accoutumance. Nous n'agissons pas correctement parce que nous avons la vertu ou l'excellence, mais parce que nous avons agi correctement. Nous sommes ce que nous avons à maintes reprises. Puis, l'excellence n'est pas un acte mais une habitude." - Aristote

121. "Aujourd'hui est le jour d'hier, l'élève." Benjamin Franklin

122. Si vous avez la possibilité de prendre deux chemins, prenez toujours la plus audacieuse des deux. Risque calculé produit souvent des résultats extraordinaires.

123. Tous les jours, pour obtenir loin de la foule, le bruit et l'agitation et passer quelques

heures seulement dans le règlement pacifique de l'introspection, lecture profonde ou simple détente.

124. Toute personne qui a parcouru cette terre a réalisé qui peut être obtenue avec la bonne attitude mentale, de la persévérance et de l'industrie. Limiter les pensées et images mentales faibles doivent être bannis. L'attention devrait se concentrer sur l'atteinte des objectifs qui sont vraiment importantes.

125. Prenez l'habitude de mémoriser belle poésie. Non seulement sera une grande source de divertissement, mais je me suis vite relevé leurs fonctions intellectuelles à un niveau plus élevé, améliorer votre mémoire, la concentration et l'agilité mentale.

126. Gardez vos paroles légères et des arguments.

127. Briser l'habitude de se préoccuper de mettre les choses en perspective et de rire petits revers. Répéter pour lui-même que

"cela arrive bientôt." Alors, prenez une feuille de papier, écrivez l'inquiétude dans votre esprit. Allouer un certain temps pour y réfléchir, isoler le problème et qu'à la formulation d'un ligne d'attaque. Par cette technique, leur énergie négative soustrait habitude sera bientôt un vague souvenir du passé.

128. Le nom de la personne qui va le mile supplémentaire. La personne qui travaille plus que d'autres. Qui prend des affectations supplémentaires et suit avec grand succès. Être la personne qui ont toujours des inquiétudes au sujet d'autres membres de la famille et qui vous fait vous sentir vraiment spécial. Être une surbrillance, avec un équilibre entre les deux dans l'excellence personnelle et professionnelle. Être une étoile qui brille pour tous les autres à admirer.

129. Devenir un fidèle et sincère networker. Cultiver de nouvelles amitiés. Vous serez

vraiment surpris lorsque les gens se retrouvent au fil des ans et comment les petits gestes amicaux, vous aidera plus tard dans la vie. Traiter tous les qui traversent votre chemin comme s'ils sont la personne la plus importante dans votre monde. Certes, vous rencontrez avec grand succès.

130. Lorsque vous recherchez quelque chose que vous le trouverez. Si vous constamment s'attendre à un succès exceptionnel, vous aurez sûrement. Les artistes interprètes ou exécutants pic attirer le succès. Vous devriez garder les objectifs qu'ils veulent atteindre à l'avant-garde de votre esprit tout au long de la journée. Répéter leurs ambitions au moins cinq fois par jour et de visualiser pour les atteindre. Si votre but est d'être riche, une photo de la chambre qui sera vivant dans la voiture, ce que c'est que d'être riche et le plaisir d'atteindre leurs objectifs dans la vie. Répéter son ambition de plus en plus afin de

s'assurer que vous allez réaliser vos désirs, et finalement il le sera.

131. Développer un sentiment d'émerveillement sur le monde. Être un navigateur. Trouver du plaisir dans des choses que les autres prennent pour acquis. S'arrêter et écouter vraiment ce merveilleux musicien de rue à jouer de la trompette. Lisez ce livre classique à votre père aimait tant. Plan pour sortir de la ville et visiter la semaine prochaine dans un endroit retiré, puissamment lieu naturel pour quelques jours. Prendre une brève retraite et prendre soin de votre esprit, votre corps

Et l'esprit. L'encouragement sera donnée à l'amélioration de la qualité de votre vie.

132. Envoyer des cartes d'anniversaire et de petites notes de temps à autre, montrant que les soins et pensions dans vos relations. Nous sommes tous très occupés, mais si vous passez seulement cinq minutes par semaine

pour envoyer une carte à un ami ou un membre de la famille, à la fin de l'année ont été envoyé 52 lettres. C'est un petit investissement pour les dividendes qui sont garantis à suivre.

133. Se souvenir et d'utiliser les noms des personnes lorsque vous leur parler. Le nom d'une personne est un sweet sound exclusivement à eux.

134. Aller dehors et regarder le ciel bleu lors d'une demi-heure. Noter la très forte impression que vous obtenez lorsque vous êtes connecté à la nature. S'éloigner de l'échéancier rigide aujourd'hui et passer l'après-midi dans un bel environnement. Promenade dans les bois et s'asseoir d'une fraîche d'eau. Aller pêcher ou louer un canoë. Loin de votre routine fournira une rafraîchissante et vous faire sentir belle lorsque vous enfin de retour.

135. Une fois toutes les quelques semaines, laissez votre montre à la maison. Dans cette société, nous avons tendance à être liée à l'alarme et bientôt est régie chacune de nos actions comme un gestionnaire de tâches. Passer la journée à faire exactement ce que vous voulez faire et pendant tout le temps que vous voulez le faire. Passer du temps avec cette personne spéciale sans avoir à aller courir à votre prochain rendez-vous. Savourez les moments et se concentrer sur ce qui est vraiment important, en lieu et place des choses de ce monde que d'une façon ou d'acquérir une plus grande importance qu'ils méritent. Perdre l'horloge et gagner du temps de qualité.

136. Rire au travail et être reconnu comme un grand positif.

137. Une idée donne naissance à une image mentale. Une image mentale va générer une habitude mentale qu'une caractéristique

mentale enfin s'épanouit. Maîtriser vos pensées et de maîtriser votre esprit, votre esprit maître et vous maître de sa vie ; sa vie et vous maîtrisez votre destin.

138. Reconnaître l'énorme pouvoir de la pensée de l'opposition. Cette technique simple consiste simplement en le remplacement d'une pensée positive chaque fois qu'une pensée négative ou limiter entre dans votre esprit et commence à détourner l'attention de leur approche. Par exemple, un dimanche après-midi, vous pouvez penser que "J'aimerais pas avoir à retourner au travail demain, après un week-end agréable et relaxant." immédiatement remplacer ce schéma de pensée est défait avant qu'il commence à s'implanter par penser autrement. Par exemple, vous pourriez penser "je ne peux pas attendre pour revenir à l'office de tourisme compte tenu de l'projets intéressants sur l'aller et le merveilleux

sentiment d'accomplissement que je reçois après une semaine productive difficile." pensez alors la chance que vous avez d'avoir un emploi et une qui peut se déplacer par leurs propres efforts et de la productivité. Faites une liste de tous les attributs positifs de votre position et répéter encore et encore. Bientôt le modèle négatif sera cassé et regardez vers la semaine passionnante de l'avant avec plus fabuleux qualités : l'enthousiasme.

139. Prendre l'habitude d'introspection personnelle. Ben Franklin a appelé l'une des stratégies les plus importantes pour l'amélioration de l'efficacité personnelle. Passer dix minutes chaque soir avant de vous coucher à l' auto-examen. Réfléchir sur les bonnes choses qu'il a fait durant la journée et les mauvaises actions que peut-être dû être changé afin d'exceller et de se développer. Les personnes réussies sont simplement plus

attentionné que d'autres. Réflexion quotidienne va bientôt permettre l'éradication de ses qualités négatives (comme le retard des ragots à insulter les autres) et d'aiguiser l'esprit. Après la pratique constante, une fois qu'un jour viendra où les erreurs que commet sont très rares et leur pouvoir personnel se déplace vers le plus haut niveau.

140. Le plus efficace jamais développé au sein de l'horloge nos propres esprits. Si vous ne croyez pas ceci, essayez ce qui suit : 1. Assis dans un fauteuil d'environ dix minutes avant d'aller au lit. 2. Fermez les yeux et posez doucement vos mains sur vos genoux. 3. Respirer profondément pendant quelques minutes (inhaler au compte de 5, tenir au nombre de dix et expirez complètement). 4. Répétez la commande suivante pour vous au moins vingt fois : "Je me réveille (l'heure souhaitée), alerte et enthousiaste." Cette commande doit être déclaré avec le sentiment

et l'émotion. Alors prenez quelques secondes pour imaginer se réveiller à l'heure désirée (la meilleure image mentale plus détaillée) et imaginer comment grand vous sentirez. Bientôt vous serez capable de réveiller dans le délai souhaité après peu ou pas pratique.

141. Certains voient les choses comme elles sont et disent : "Pourquoi ?", je rêve de choses qui n'étaient jamais et dire, "pourquoi pas ?" George Bernard Shaw

142. Utiliser ces stratégies pour améliorer la qualité de votre méditation de l' esprit-motorisée : 1. Pratiquer la méditation chaque jour au même moment et au même endroit pour votre mental se permet de saisir l'état de sérénité désirée dès que vous marchez dans le Pacifique. 2. Tôt le matin est sans aucun doute le plus puissant de temps à méditer. Les yogis Indiens croient que la nuit des temps n'a presque que des qualités magiques aident à atteindre l'état superpeaceful tant de

méditants essayez d'atteindre. 3. Avant de commencer, commande votre esprit à être calme avec des déclarations comme "Je vais être concentré et très calme maintenant." 4. Si des pensées n'entrer, ne pas les forcer à quitter mais tout simplement les laisser passer comme des nuages la voie libre pour le beau ciel bleu. Image que votre esprit est comme un lac sans même un murmure. 5. Quelle pendant dix minutes au début, puis d'augmenter le temps de toutes les quelques sessions. Après un mois ou deux, vous ne sera pas interrompu par tout appuyant sur pensées et sûrement vous allez sentir une sensation de paix que vous n'avez jamais connu auparavant.

143. Établir et promouvoir les grandes amitiés que de telles relations sont essentielles pour le maintien d'un environnement sain et réussir leur vie. Trouver en quelques minutes chaque jour à point quelques souhaits à un vieil ami

ou passer un appel téléphonique à une personne qui n'ont pas eu l'occasion de parler pendant un moment. Montrer de la compassion et de l'examen sincère à tous vos amis et voir les résultats qui suivent. Développer des amitiés durables en étant un bon ami. De plus, donner la priorité à la recherche de nouveaux amis n'importe comment beaucoup de peut être la chance d'avoir. C'est l'une des plus grandes joies de la vie que beaucoup d'entre nous sont perdus.

144. Dormir moins, dépenser moins et faire plus, vivre plus longtemps et être plus.

145. Se noyer votre appétit en buvant plus d'eau dix verres par jour est idéal. Revitaliser le système et purifie le corps. En outre, entrent dans l'habitude de manger des soupes et plus de glucides complexes comme le riz, les pommes de terre et les pâtes qui alimentent votre faim avec beaucoup moins de calories que d'autres aliments qui sont

moins en santé. Nous sommes réellement ce que nous mangeons, et vous devez vous assurer que votre alimentation est conçu pour maximiser votre énergie et la clarté mentale.

146. Développer l'habitude de la ponctualité est plus important pour le succès de l'élevée. L'actualité témoigne de la discipline et un examen adéquat pour d'autres. Sans elle, personne, même les plus sophistiquées, semble un peu choquant. Ne pas être tôt et certainement ne sera jamais trop tard. Votre temps et votre budget, vous devez arriver tôt, marcher ou simplement vous détendre pendant quelques instants pour s'assurer que vous arrivez à l'heure demandée. Vous serez apprécié et toujours si vous cultivez cette importante qualité qui semble si rare de nos jours.

147. Le téléphone est là pour votre commodité, pas pour des raisons de commodité d'autres gens qui essaient d'entrer

en contact avec vous. Si vous êtes occupé à une tâche, ne répondez pas au téléphone ou quelqu'un pour répondre à l'appel de sorte que vous pouvez revenir à un moment plus opportun. Ne laissez pas ces interruptions pour perdre leur temps. La plupart des appels téléphoniques ne sont pas importantes et durent trop longtemps de toute façon. Au cours de la vie de l'Américain moyen, elle a passé deux années sans succès de retourner les appels téléphoniques. Il y a tellement de choses importantes et amusant à faire dans la vie. Le défi consiste à respecter un temps précieux, afin que nous puissions parvenir à une vie plus pleine, plus satisfaisante.

148. Bien commencer la journée. Avant de sortir du lit chaque matin, dites une prière ou répétez votre affirmation personnelle rendant grâce pour la journée et toutes les choses positives qui vous permettra d'atteindre. Prendre une décision consciente pour en faire

la meilleure journée de votre vie et de se conformer avec le plaisir, le succès et le plaisir. Si vous pensez que c'est susceptible de se produire. Un éternel secret de la réussite de l'ensemble de la vie est de vivre chaque jour comme si c'était la dernière.

149. Comptez sur votre partenaire. Cela permettra de renforcer la relation et permettre à la fois à augmenter au même rythme. C'est aussi un merveilleux tonique pour partager des informations importantes ou déranger autrement les choses avec la personne que vous sont plus proches.

150. S'efforcer un peu plus et un peu plus chaque jour. Les gagnants dans le jeu de la vie, en encourageant le développement de leur potentiel sur une base quotidienne. Faire la chose vous la peur et la mort de peur est certaine. Les gagnants de faire ce que les pays les moins avancés, les gens n'aiment pas faire, bien qu'il se peut qu'ils ne veulent

pas effectuer. C'est ce que la force de caractère et de courage. S'attaquer à vos faiblesses. Pour faire ce qu'ils ont toujours découragé. Écrit cette lettre ou note de remerciements qui ont été négligés pendant longtemps. Exercer les muscles de leur discipline et qui sera à la hauteur de l'occasion pour remplir votre journée avec plus de satisfaction, plus d'efficacité et plus d'énergie.

151. Toutes les personnes qui ont atteint les plus hauts niveaux ont généralement cultivé l'habitude mentale essentiels d'optimisme. Sans l'optimisme, la vie perd son lustre et les difficultés apparaissent à chaque étape de la manière. C'est une habitude de vie essentielles.

152. Aujourd'hui, notez les sept meilleures qualités de gens que vous admirez et publier cette liste à côté de votre lit. Puis, chaque matin que l'un monte, l'accent sur une

nouvelle qualité il s'efforcera de mettre en œuvre au cours de la journée. Après une semaine, vous remarquerez de petites différences de lui-même. En un mois, ces caractères seront fermement ancrées. Après deux mois, toutes ces qualités importantes sera le vôtre.

153. Vous avez tant de réputations comme vous connu sous le nom de chaque personne que vous connaissez pense différemment de vous. Que devez-vous rapporte réellement à votre personnage. Vous avez le contrôle total de ce et c'est ce que vous devez développer, d'améliorer et de grandir. Une fois que votre personnage est forte et vigoureuse, alors tout ce qui est positive va se poursuivre.

154. Considérer comme une orange. Seulement ce qui est vraiment à l'intérieur peut sortir. Si vous remplissez votre esprit avec des pensées de sérénité, positivité, force, courage et compassion, lorsqu'une

personne vous reçoit, c'est le seul jus qui peut circuler.

155. Notre vie a été décrite comme une parenthèse dans l'éternité. Mais nous sommes un petit saut sur la scène de l'univers. Comment peut-on ne rien prendre avec nous quand nous partons, alors le vrai sens de notre existence est due à donner et à servir les autres. Garder cela à l'esprit. Quand vous vous réveillez tôt le matin, répétez le mantra : "Je vais servir les autres aujourd'hui, je vais prendre soin des autres et aujourd'hui, je vais être bon aujourd'hui." Ce genre de vie apportera d'énormes avantages si vous restez dans le but d'aider les autres, plutôt que le résultat d'un gain personnel.

156. Être connu comme un innovateur dans leur lieu de travail. S'asseoir au cours de la prochaine semaine et écrire dix suggestions à votre superviseur sur la façon d'améliorer le travail effectué, la qualité du milieu de travail

lui-même. Il est connu comme une personne désireuse de découvrir les problèmes et les résoudre avec entrain et enthousiasme.

157. Apprenez à rire de vous-même.

158. Garder les fenêtres de votre esprit.

159. Essayez de passer une journée entière sans dire "je". L'accent sur d'autres. Écouter les autres et apprendre de nouvelles choses, ainsi que d'obtenir des amis.

160. Consacrer une heure par jour dans le silence complet, sauf en réponse à des questions directes. Même alors, ils répondent directement et sans trop prolonger la conversation. Nous avons, par conséquent, très souvent, parler de questions et répéter. Cet exercice orientaux anciens non seulement construire votre volonté mais développer la clarté et la précision de la langue, ce qui est essentiel pour une communication efficace.

161. Chaque jour, faire deux choses que n'aimez pas faire. Cela peut être la

préparation d'un rapport que vous avez remis à plus tard son brillant ou en chaussures. N'importe comment petit la tâche, faites-le ! Bientôt, ces tâches ne semble pas si mauvaise, leur pouvoir personnel et accroître votre productivité augmentera considérablement. Essayer parce que c'est une ancienne technique pour la construction de la force de caractère.

162. Le vrai bonheur vient d'une seule chose : la réalisation des objectifs, qu'elles soient personnelles, professionnelles ou autres. Vous êtes plus heureux quand vous vous sentez que vous êtes de plus en plus. Lorsque vous vous sentez vous contribuez et se déplacer dans la direction de vos rêves, vous vous rendrez compte que vous avez une énergie et vitalité. Le temps consacré aux activités qui offrent peu de récompense en dehors d'un sentiment fugace de relaxation (regarder la télévision est le meilleur

exemple), il est temps perdu à jamais. La relaxation est essentielle, mais a opté pour le moyen le plus efficace de renouvellement et passent leur temps dans des activités de production que se déplacer lentement le long de la manière. Le bonheur vient de faire de ne pas dormir.

163. Napoléon III de la France a une capacité spéciale de se rappeler les noms de tous ceux qu'il a rencontrés. Son secret était de dire "Je suis désolé, j'ai manqué votre nom" après avoir été présenté à une nouvelle personne. Le nom est repris et renforcé dans sa mémoire. Si le nom était difficile, je demande que l'orthographe correcte.

164. Les sages de la Chine ont tenu une philosophie de base de la vie de milliers d'années : développer un esprit indomptable, avec la courtoisie et l'intégrité. La répétition de ces trois traits fera de vous un exceptionnellement puissant, respecté par

tous. Exercer son influence personnelle et l'effort d'atteindre ces qualités.

165. Une technique précieuse pour vaincre l' auto-limitation et les pensées négatives qui peuvent nuire à l'atteinte du maximum de la performance mentale est le dispositif d'interruption. Quand une pensée négative entre dans votre conscience, vous devez d'abord être conscients de cela et ont un fort désir de le supprimer définitivement. Pour ce faire, interrompre le train de pensée négative à faire quelque chose pour briser et déplacer l' auto-limitation . Lorsque la pensée mauvaise passe, elle peut pincer vous et de dire, "Je suis forte et faible pensées ont disparu," ou vous pouvez crier ou faire quoi que ce soit qui pourrait empêcher et supprimer l'approche négative. En pratiquant cette technique, vous verrez une réduction significative de la pensée négative que la plupart des gens ont, ouvrant la voie à la mentalité d'un vrai gagnant.

166. Prendre le temps de votre horaire chargé du travail et de la famille de se concentrer sur les activités de croissance personnelle est essentielle et n'a jamais considéré comme un déchet. Prendre une heure de votre matin occupé à voir des enfants jouer dans un parc à proximité ou faire une promenade peut sembler une mauvaise utilisation du temps pour certains. Mais en plus de temps pour les plaisirs simples de la vie et obtenir un meilleur équilibre dans votre journée, vous allez faire le reste des heures beaucoup plus productifs et efficaces. Impossible de faire du bon à moins que vous vous sentez bien. Quand vous êtes calme, détendu et enthousiastes sont aussi plus productif, créatif et dynamique. C'est quelque chose qui a été prouvé à maintes reprises, et pourtant nous sommes toujours coincés au milieu de l'apparente immédiateté de notre routine et de ne pas voir la forêt pour les arbres.

167. Pour en savoir plus, en savoir plus, rient plus et aimer davantage.

168. Choisissez cinq qui souhaitent améliorer les relations au cours des six prochains mois. Écrire les noms de ces personnes et sous le nom de tous les détails que vous souhaitez améliorer la relation, la façon dont vous allez le faire et dans quel délai. Ce n'est tout simplement une autre facette de l'établissement des objectifs, la pratique qui donne toujours d'excellents résultats dans tous les domaines de la vie. S'engage à être un meilleur père, ami et citoyen. Être créatif dans les étapes que vous devez prendre pour montrer leur appréciation et respect pour leurs proches. Envoi de notes est bonne, mais nous considérons que des mesures réfléchies et unique allant d'un pique-nique romantique dans le pays avec votre partenaire pour un voyage de pêche tôt le matin avec un vieil ami.

169. Se souvenir de la puissance de la prière.

170. Un excellent investissement pour votre croissance personnelle est la série de six bandes pour le Révérend Norman Vincent Peale intitulé "Le pouvoir de la pensée positive". Obtenir et d'écouter encore et encore. Est plein de stratégies et de techniques qui, sans faute, fera que vous pouvez vivre une vie longue et heureuse, productive et prospère.

171. Envisager l'achat d'un ordinateur de poche qui peut être un excellent outil pour la programmation, l'enregistrement de leurs engagements et maintenir les responsabilités de votre vie en bon état. L'un peut être acheté à un prix raisonnable.

172. Naviguer dans la librairie de seconde main, à quelques mois à trésors perdus de characterbuilding books. Vous trouverez des pierres précieuses dans la prise de parole

en public, améliorer vos habitudes alimentaires, la gestion du temps, le personnel de santé et d'autres sujets importants à bas prix. Certains de ces textes anciens sont les meilleurs et sont issus d'une ère dans laquelle chaque jeune a l'obligation de développer la discipline et les bonnes habitudes de vie sur une base régulière.

173. Lire la magie de croire par Claude M. Bristol. Libérez les forces puissantes qu'il y a sans doute dans votre esprit, mais en ce moment peuvent être exploitées.

174. Être connu comme quelqu'un avec une tête fraîche, un coeur chaud et grand caractère. Votre présence sur cette terre restera dans les mémoires pour longtemps.

175. Il a été dit que veut faire quelque chose pour les autres est la plus haute forme de la religion. Chaque semaine, les 168 disponibles, peu de temps à consacrer au service des autres. Beaucoup disent que ce

service désintéressé, devient rapidement un objectif clé dans leur vie. Donner de leur temps dans une maison de soins infirmiers ou d'enfants nécessiteux. Enseigner à lire ou sont offerts pour donner une conférence publique sur le thème de votre concurrence. Il suffit de prendre des mesures et de faire quelque chose pour laisser un héritage.

176. Remplir votre maison avec des couleurs vives, des fleurs fraîches. C'est l'un des meilleurs investissements que vous pouvez faire. Laissez les sons de la bonne musique, des rires et beaucoup de plaisir de remplir l'oasis dans votre maison.

177. Apprendre et profiter de ses voisins. Ils rendent la vie plus agréable et peut fournir des ressources utiles lorsque vous vous y attendez le moins.

178. Reconnaître le pouvoir de la répétition des mantras et positif, des mots puissants. Les yogis indiens ont utilisé cette technique

pour plus de 4 000 ans à vivre au calme, concentré et productive. Créer votre propre mantra que vous pouvez répéter quotidiennement pour améliorer leur caractère et renforcer votre esprit.

179. Lorsque la respiration est encore forte, et ainsi est l'esprit.

180. Utiliser l'affichage suivant de temps en temps. S'asseoir dans un endroit calme et l'image qui sera sur la terre seulement pour un autre jour. Qu'est-ce que vous appelez, ce que vous dites et ce que feriez-vous ? Ces questions vont vous donner quelques idées importantes sur les actions devraient s'efforcer d'achever.

181. Étudier les éléments de preuve suivants : caractère de haute précision et clarté de pensée et d'expression • et raffiné les bonnes manières en douceur

Le pouvoir et l'habitude de l'introspection

• La puissance de croissance personnelle • Le pouvoir d'atteindre leurs objectifs et leurs rêves

182. "La jeunesse n'est pas un moment de la vie ; c'est un état d'esprit. L'âge de personnes qu'en abandonnant leurs idées et le dépassement de la conscience de la jeunesse. Ans la peau rides, mais donner de l'enthousiasme des rides l'âme... Vous êtes aussi vieux que son doute, leur peur, leur désespoir. La façon de rester jeune est de garder votre foi. Gardez votre confiance en soi . Gardez votre espoir les jeunes." Le Dr L.F. Phelan

183. Explorer les pouvoirs de guérison de l'Est de la phytothérapie et des stratégies similaires pour maintenir un état de santé parfaite (consulter un expert en tout temps et prendre un cours formel sur l'objet d'observations ont de puissants dans ce domaine plus utile la guérison).

184. Assurez-vous d'organiser votre temps sur les vraies priorités de votre vie. Comment Stephen Covey a souligné : "Il est facile de dire que lorsqu'il y a une gravure profonde en lui-même." 185. Pour ralentir le rythme de la vie. À cet âge, nous avons notre vie à un rythme effréné. Se concentrer sur ce qui est vraiment important et commencer à faire des activités qui vont appliquer les freins et de relancer le naturel, le calme en nous. S'asseoir sur l'herbe et voir le ciel bleu pendant une demi-heure en premier lieu, il n'est pas aussi facile qu'on pourrait le penser et l'élan est de se lever après seulement quelques minutes de détente si utile. Une fois que vous êtes habitués à un rythme plus lent de la vie plus saine, avec des périodes régulières consacrées à des plaisirs simples de la vie, toute autre activité sera plus efficace et agréable.

186. Essayez de manger que des fruits et du lait pour une journée entière. Le jeûne est une puissante stratégie de réussite au Moyen-Orient que des millions utiliser régulièrement pour maintenir la santé maximum et la clarté mentale. En essayant de simple pratique toutes les quelques semaines, vous remarquerez une augmentation de votre niveau d'énergie et une légèreté dans votre marche. Gros repas nécessitent une quantité considérable d'énergie qui pourrait être mieux orienté davantage vers les activités productives.

187. Valeur de votre conjoint, de rire et de garder l'image de votre partenaire de votre bureau d'inspiration et de pensées agréables tout au long de la journée.

188. Si vous êtes marié, votre conjoint et vos initiales gravées sur l'intérieur de vos bandes de mariage avec la date de votre mariage. Ceci est utile non seulement dans le cas des

anneaux sont perdus mais pour fournir à la fois personnalisé avec des mémoires qui peuvent être transmis aux générations suivantes.

189. L'esprit est comme un jardin, que vous semez, alors ne vous en tirer. Lorsqu'elles sont cultivées et entretenues, de s'épanouir au-delà de vos attentes les plus folles. Mais si vous laissez les mauvaises herbes, il n'atteindra jamais son plein potentiel. Ce que vous mettez dans est ce que vous obtenez. Pour éviter des films violents, des romans, et corbeille tous les autres influences négatives. Les artistes ont un soin méticuleux à la pointe les pensées qui vous permettent d'entrer dans les jardins de leurs esprits. Vous ne pouvez vraiment pas se permettre le luxe d'une seule pensée négative.

190. Faire une centaine de sit-ups par jour et ne pas casser cette habitude. Les muscles abdominaux forts sont très utiles pour

s'assurer que vous profitez de la santé maximum et sans blessure jours. Ils maintiennent également leur apparence et le niveau de confiance.

191. Être la personne la plus honnête que vous connaissez. Soyez digne de confiance La confiance des autres.

192. Freiner leurs désirs matériels et de renforcer sa volonté. Qui est profondément liée aux choses matérielles connaît des difficultés et le malheur lorsqu'il est pris. Les gens heureux profitez des objets de ce monde mais pas être lié ou attaché à eux. Vivre une simple et productive. Pour simplifier votre vie aujourd'hui, envisager de vendre votre télévision, arrêter la junk mail, dépenser moins, l'apprentissage du yoga, de la vente de votre automobile, pratiquer la méditation chaque matin et en débranchant le téléphone qui sonne de temps en temps.

193. Si vous n'avez pas rit aujourd'hui, vous n'avez pas vécu aujourd'hui. Ils rient beaucoup et fort. Comme William James a dit : "Nous rions parce que nous sommes heureux, nous sommes heureux parce que nous rions".

194. Lire le facteur charisme comment développer leur capacité de leadership naturel par Robert J. Richardson et S. Katharine Thayer. C'est un excellent livre pour tout aspirant leader ou l'actuelle, qui cherche à passer au niveau suivant.

195. Voyage souvent. La perspective offerte par la visite de nouvelles terres est important et vous permet d'apprécier l'existence que nous tenons souvent pour acquis.

196. Chaque mois est fixé l'objectif de l'aptitude physique pour vous. Commencer à nager en juillet ou apprendre à skier en janvier. La clé est d'atteindre un but pour le mois.

197. Les choses sont toujours créés deux fois. Il y a toujours la création mentale qui précède la création physique. Ainsi que des plans pour une maison devrait être d'abord sur le papier avant de la maison est commencé, il doit être planifié le jour dans votre esprit tôt le matin, avant de commencer votre journée de travail. Voir les merveilles que je veux que cette vie pour apporter et à se matérialiser dans votre esprit subconscient commence à se concentrer sur la réalisation des objectifs. Il s'agit d'une véritable loi de la nature.

198. Au travail à pied et observer la merveilleuse beauté de la nature.

199. Lire ce livre, et de l'esprit livre développement comme "réussir dans tout ce qu'encore et encore et de partager avec d'autres !

CONCLUSION

En conclusion, vous êtes responsable de votre échec et de réussite, votre esprit attire ce que vous ressentez ou pensez à tout le temps.
Ne laissez pas votre incapacité passée se tailler votre avis sur la vie, que vous ne peut pas réussir ou vous n'avez pas ce qu'il faut. Relevant pas de dose vous définir, en restant où vous êtes tombé est ce qui vous définit comme un échec.

Maîtriser l'utilisation de votre esprit pour attirer des circonstances positives et ont le courage de se dégager des moyens qui montre votre chemin. Je sais que beaucoup de gens ne reconnaissent pas des chances en raison de leur niveau de connaissance, je vous le courage de faire de la recherche sur tous les domaines d'intérêt que vous voulez une grande réussite, ils sont tous sur l'internet, n'attendez pas pour n'importe qui de vous

pousser avant de prendre des mesures pour améliorer votre vie.

Pour plus d'informations sur le développement mental lire mon livre intitulé "**réussir dans tout ce**" par Fredrick, c'est disponible sur Amazon.com

Remerciements

Un merci spécial à Dieu tout puissant, également à tous ceux dont l'idée a été mentionné dans ce livre, Dieu vous bénisse tous pour rendre le monde meilleur

Remarque:

J'apprécie vos efforts pour votre croissance personnelle, je voudrais que vous sachiez que ce livre a été traduit de l'anglais en utilisant un traducteur et que vous souhaitiez que vous me contactiez si vous pensez que vous pouvez mieux le traduire. ton service.

Pour plus de demandes

Frimen242@Hotmail.com

Fredrick@Eaglementality.org

---Fin---

Printed in Great Britain
by Amazon